U0901606

上班时安心工作，下班后舒心生活

安心工作是我们对工作的态度和投入，
舒心生活是我们对生活的感恩与理解。

向亚云　王明哲◎著

——安心工作，实现本职岗位上自己的人生价值；
舒心生活，享受完美人生旅途中最美丽的风景。

工作似一本书，只有耐心细读才知深意悠远，
生活如一杯茶，只有慢品舔悟才晓滋味万千。

企业管理出版社
EMPH ENTERPRISE MANAGEMENT PUBLISHING HOUSE

图书在版编目(CIP)数据

上班时安心工作　下班后舒心生活/向亚云，王明哲著. — 北京：
企业管理出版社，2013.5
ISBN 978-7-5164-0321-1

Ⅰ. ①上… Ⅱ. ①向…②王… Ⅲ. ①人生哲学—通俗读物
Ⅳ. ①B821-49

中国版本图书馆 CIP 数据核字(2013)第 074743 号

书　　名:上班时安心工作　下班后舒心生活
作　　者:向亚云　王明哲
责任编辑:涂　依
书　　号:ISBN 978-7-5164-0321-1
出版发行:企业管理出版社
地　　址:北京市海淀区紫竹院南路 17 号　　　邮编:100048
网　　址:http://www.emph.cn
电　　话:总编室(010)68701719　发行部(010)68414644　编辑部(010)68414643
电子信箱:80147@sina.com
印　　刷:北京绿谷春印刷有限公司
经　　销:新华书店
规　　格:170 毫米 ×240 毫米　　16 开本 印张 14.25　222 千字
版　　次:2013 年 5 月第 1 版　　2013 年 5 月第 1 次印刷
定　　价:32.00 元

前言

工作和生活是每个人一生中最重要的两件事，没有工作的生活了无生趣，没有生活的工作枯燥难耐。只有在上班时安心工作，在下班后舒心生活，两者相辅相成，相互作用，才能绽放精彩的人生。

但是在现代社会，由于各方面的压力，人们往往不能很好地平衡它们之间的关系，导致“两败俱伤”。我们需要在工作和生活之间找到平衡点，使我们更轻松地享受工作生活的乐趣。如果你明白了工作与生活的休戚关系，并同等重视工作和生活，那么你既是生活的智者，也是工作的高手。

要找到工作和生活的平衡点，首先要在心理上平衡两者的关系：既爱生活也爱工作——只爱生活不爱工作是享乐主义者，只爱工作不爱生活是工作狂。把工作当成了兴趣，工作时就会觉得很有意思。再从现实的角度看，只有工作好了生活才有物质保障。反过来，只有生活顺利才有心情工作。

工作是我们人生的追求，是我们人生价值的体现，是我们能力展现的舞台，但不是我们的全部。热爱工作，更要热爱生活，工作努力，但我们还要把更多的精力用在生活上，让生活更加丰富多彩，更加乐趣无穷，人生更加精彩。

上班时安心工作才能实现个人的价值与理想。没有工作，我们再有能力，再有本事，再有通天的才华和远大的理想，都没有展现之地，没有依附之处，什么能力、本事、才华也不过是一句空话，没有任何意义。而一旦有了工作，我们会在工作中展现我们的能力，达到我们的理想，实现我们的价值。

下班后舒心生活才能享受生命的优雅和恬静。生活是一杯白开水，平平淡淡才是真。如果你往里面放一点儿糖，它就是甜的；如果你在里面放一点儿盐，它就是咸的；如果你往里面放点儿醋，那么它就是酸的……你想调制成什么味道，是酸甜还是苦辣，完全在于你自己的心境。但是只有学会舒心生活，你才会发现平淡无奇的生活原来每天都充满了精彩画面。就像那句话说的："生活中从来不缺少美，而是缺乏发现美的眼睛。"同样，生活中不缺少快乐，而是缺少发现快乐的眼睛。

上班时安心工作，下班后舒心生活。工作和生活是需要平衡的，平衡意味着选择和取舍，并承担相应的后果。人生在世，扮演着许多角色：父母、子女、夫妻、领导、下属、亲友、同事，同时也相应承担着不同的义务。因此，在寻求美满人生的进程中，如何统筹全局，就成了最大的考验。顾此失彼，因小失大，都会造成人生的缺憾。

所以，要工作，但更要懂得享受生活，要尽力去欣赏生活中由家庭和孩子带来的快乐，用心去体会生活中点点滴滴的温情，热爱生活的每一天，享受生活的每一天，享受天伦之乐、情爱之乐、悠闲之乐，尽管不敢说这就是生命的真谛，也不敢说这就是成功的人生，但至少这才是完整的人生，无憾的人生！

Contents

上篇　上班时安心工作，努力实现个人的价值与理想

每个人一生都要工作，但为什么工作、为了谁工作。有人说为了家人，有人说为了车子房子，这些都可以说是工作的一个目的，但绝对不是工作的唯一目的，也不是最终目的。难道有了房子买了车子，结了婚生了孩子以后我们就不再工作了吗？肯定不会。它们的实现仅仅是人生的一个小小的目标实现，是人生梦想的一个组成部分，是描绘人生画卷的一抹油彩。我们通过实现一个又一个人生的小目标，才能充分体现我们人生的价值，实现我们人生的总体目标，也就是最终实现自己的人生梦想。

第一章　摆正工作心态：平凡的是工作岗位，不平庸的是工作态度

心态决定一切。有什么样的心态，就有什么样的结果。安心于工作更要有一个好的工作心态，要认真对待工作，热爱工作，把工作当事业来做，全心全意、尽职尽责地去工作，才能真正把工作做好，让自己成功。

第二章　安心就要用心，积极主动自动自发

要想安心工作，首先要用心工作。用心工作是一个人最基本的职业道德，也是对工作的一个最起码的标准。用心才能专心，专心才能安心，安心才能脚

踏实地、不找借口、积极主动、讲究方法、尽心尽力，把工作做到最好。

第三章 安心就要专心，全神贯注心无旁骛

专心工作是一个员工纵横职场的良好品格。一个人如果不能安下心，专注于自己的工作，是很难把工作做好的。在当今时代，没有哪家企业、哪个老板会喜欢做事三心二意、三天打鱼两天晒网的员工。从这种意义上说，工作全神贯注心无旁骛的人，就是能把握成功机遇的人，只有一心一意做事的人，才能受到老板的器重与提拔。

第四章 安心就要细心，严谨认真见微知著

机遇就在细节中。如果你能安下心来，细心工作，对待事情严谨认真、见微知著，你就能敏锐地发现别人没有注意到的细节，找准机会，以小事为突破口，让细节闪耀出光芒，从而获得飞跃的机会。

第五章 安心就要尽心，竭尽全力尽职尽责

安心工作少不了全心全意、竭尽全力，因为只有这样才能真正把心思全部

用在工作上，对工作负责，让别人放心，也让自己成就不凡的事业。

第六章　安心就要精心，精益求精止于至善

精心工作，既是一种务实的工作态度，又是一种具体的工作方法。“精心工作”就是要对待工作认真负责，一丝不苟。杜绝敷衍了事、随遇而安的工作方式。在工作中，每一位员工都应该养成“精益求精、止于至善”的工作习惯，把工作深入化和细致化，不断完善，不断提高。

中篇　下班后舒心生活，尽情享受生命的恬静和优雅

周国平说：“伟大、精彩、成功都不算什么，只有把平凡生活真正过好，人生才是圆满。”这才是看透生活的智者对于人生最为精准的了悟。没有什么比生活更重要，无论多忙，都要留一点儿时间给自己，煮煮茶或咖啡，修剪一下植物，精心烹调一桌美食，听一段轻柔的音乐，看几本杂志，舒适地睡一觉，写写字，散散步，和爱人共享甜蜜的一刻，和孩子嬉戏，和父母聊天，和朋友对弈……这才是最重要的。

第七章　舒心生活，享受家庭的温暖和幸福

歌德曾经说过：“不论是国王还是农夫，谁在家里找到了安乐，谁就是最幸福的。”家是每一个生命最甜蜜的港湾，是每一个心灵永恒的避难所。家是温馨，家是甜蜜，家是深情，是我们无论走多远都要回去的地方，因为那里有我们的父母、兄弟和姐妹，还有妻儿，因为那里有我们美好的记忆和想起来时抑制不住的感动。因此，让我们尽情地享受家庭的温暖和幸福，让我们的生活更加舒

心吧！

第八章　舒心就要清心，淡泊明志宁静致远

对于现代生活来说，变化频繁，我们更要在各种变化和诱惑中懂得清心，不为名利所困。这就是“淡泊明志，宁静致远”。懂得淡泊的人是明智的，拥有宁静的人是幸福的。那么，我们为何不抛弃世俗名利，“静观庭前花开花落，闲看天上云卷云舒”呢？

第九章　舒心就要开心，积极乐观快乐无边

对于生活中的每一个人而言，不开心和开心常常是一转念间的事情。其实，事情都是有两方面的。当我们因为一方面不开心的时候，我们就去从另一方面来想想，相信会找到让我们满意的东西。生活本来就是一件很辛苦的事情，为什么我们还要只看到那不快乐的一面呢，换个角度去想吧，从积极的快乐的一面去看，那样我们就会有一个个开开心心的好日子。

第十章 舒心就要健康，均衡膳食运动强身

舒心生活的前提是健康。有了健康，才拥有幸福的生活，有了健康，才拥有充满阳光的世界，有了健康，才能快乐工作追逐梦想，有了健康，才拥有事业的灿烂与辉煌。健康是福，健康是根，健康是一切的保障。没有健康，便没有了一切，即使挣下再多的钱，也不过徒留一叹。

第十一章 舒心就要养心，调节心情凝神自娱

养生先养心，心养则寿长。对于现代都市人来说，谁拥有了心理平衡谁就拥有了健康和长寿。"养心"就是拥有心理平衡的重要方法。何谓"养心"?《黄帝内经》认为是"恬虚无"，即平淡宁静、乐观豁达、凝神自娱的心境。我们只有"养"好自己的心，才能拥有更加舒心的生活。

第十二章 舒心就要闲适，轻松生活惬意人生

古人云："一张一弛，文武之道。"人生也应该有张有弛，也应该忙中有闲。人生就像一根弦，太松了，弹不出优美的乐曲；太紧了，容易断，只有松紧合适，才能奏出舒缓优雅的乐章。所以，我们要学会忙中偷闲，从自己喜欢的休闲方式中享受到休闲的快乐，并能从中体味到生活的乐趣。

下篇 握紧幸福，让工作更安心、生活更舒心

幸福是人生最大的追求，是生命最大的目标。但幸福不能用金钱去量化，幸福无法用金钱买到，它是蕴藏在人心深处的一种珍贵的感情。这种感情可以在任何时候、任何地方都能感受得到。要幸福，就要学会让工作和生活平衡，不让工作把生活变淡，更不能让生活把工作变得沉重。所以，我们要握紧幸福，让工作更安心、生活更舒心。

第十三章 保持工作与生活的和谐

我们大多数人都是平凡的，但大多数平凡的人都想变成不平凡的人。这是社会进步的力量，也是实现自我的必然。但这种必然对我们来说，就产生了心理上的压力与情绪上的挣扎。这就需要我们学会调节生活和工作的关系，保持工作和生活的和谐，才能真正享受到生命的幸福。

第十四章 快乐工作，精彩生活

快乐工作精彩生活取决于我们对生活的心态，取决于我们对生活的感恩，取决于我们对生活的理解，取决于我们对生活的投入，取决于我们对梦想的追求。快乐工作每一天，精彩生活一辈子！每天给工作一张笑脸，工作就会给你一份惊喜，生活才会更加精彩纷呈。

上篇

上班时安心工作，努力实现个人的价值与理想

每个人一生都要工作，但为什么工作、为了谁工作。有人说为了家人，有人说为了车子房子，这些都可以说是工作的一个目的，但绝对不是工作的唯一目的，也不是最终目的。难道有了房子买了车子，结了婚生了孩子以后我们就不再工作了吗？肯定不会。它们的实现仅仅是人生的一个小小的目标实现，是人生梦想的一个组成部分，是描绘人生画卷的一抹油彩。我们通过实现一个又一个人生的小目标，才能充分体现我们人生的价值，实现我们人生的总体目标，也就是最终实现自己的人生梦想。

第一章　摆正工作心态:平凡的是工作岗位,不平庸的是工作态度

心态决定一切。有什么样的心态,就有什么样的结果。安心于工作更要有一个好的工作心态,要认真对待工作,热爱工作,把工作当事业来做,全心全意、尽职尽责地去工作,才能真正把工作做好,让自己成功。

1. 平凡的是工作岗位,不平庸的是工作态度

在一个团队中,你处于什么样的位置,扮演什么样的角色,并不取决于你做什么工作,而取决于对待这份工作的态度。态度也是一种精神,如果你能主动积极地去完成工作任务、解决问题,那么就会体现出你的敬业精神。如果你始终能够做到更好,追求最佳业绩,那就是一种可贵的职业品质了。

擦马桶都比别人擦得亮,体现的不只是一种功力,更是一种态度,一种精神。有些人经常会唠唠叨叨抱怨个不停,不是说上司安排了他不称职的工作,就是恨自己没有本事做更体面的工作。就一件工作来说,本身没有贵与贱,但是融入这份工作中的专业精神却最能体现出工作的价值。你越是看不起你的工作,越用卑微的态度对待工作,你的工作就会显得越低贱,进而你自己也显得低贱。

我们可以做一个平凡的人,但绝不能做一个平庸的人!平凡和平庸

的区别之处在于:平凡的人把平凡的工作做成伟大,平庸的人使崇高的工作变得卑下。

平庸是一个老迈的词汇,一个人平庸的原因只会是他的心态,这就像在一场田径比赛中,没有人认为最后一名是平庸的,因为他在奔跑,他的血液沸腾着,他的目光是灼热的,我们几乎很少看到比赛中的最后一名满脸羞愧,他以同样的尊严与热情跑过终点。而一个连上场跑一跑的勇气都没有的人,一个以消极心态面对平凡的人,才是一个真正的平庸者,其悲哀是他将永远是这个世界的看客,而自己一无所有。

这个世界上,绝大多数的人,终生都奔跑在从现实赶往梦想的路上,他们可能皓首穷经终未得志,但奔跑的过程本身就是一种伟大。生命的魅力就是在这奔跑之中,享受生命,就是享受平凡。

事实上,"可以平凡"说易却难,"不能平庸"说难也易。一个人的工作态度折射着人生态度,而人生态度决定一个人一生的成就。你的工作,就是你生命的投影。它的美与丑、可爱与可憎,全操纵于你之手。前微软中国总裁唐骏曾说过一句话:"比别人勤奋一点点,就能超前别人一大步。"调整好自己的心态,爱你眼下的工作。

教玉章是一个在平凡卑微的岗位上干出名堂的人。他是辽宁省沈阳北站地区环境卫生管理所的管理员——打扫厕所,在这个很多人都看不起的工作岗位上,如何能干出名堂?但教玉章却做到了。

1997年,沈阳市实行公厕管理改革,将公厕承包给个人。教玉章也承包了一处临街公厕。当时才34岁、身高1.85米的教玉章实在是难以适应。

刚开始,教玉章打扫厕所都是趁着没人时,干完就急忙躲起来,生怕被熟人撞上。

不过教玉章确实是个本分勤快且有公益心的人。无论谁不小心落下了什么东西,他都会仔细地保管起来,等人来认领。很多人通过留言或写信的方式感谢他。久而久之,教玉章越发深切地感受到:打扫厕所的事看着简单甚至卑微,用心思干也能得到别人的由衷尊敬,并能为人们提供许多便利和帮助。他在公厕休息室写下了八个大字:帮助别人,快乐自己。

教玉章常年预备打气筒、修自行车工具、针线包、小药箱、婴儿车、雨伞等一系列生活中用得着的小东西,方便所有来公厕或就近寻求帮助的人。他还给大家提供最新的报纸和杂志,并利用互联网、报刊和各种书籍搞出一个"知识园地",将一些四季常见病、多发病防治常识登出来,甚至还有全世界的公厕知识和公厕文化。

2003年,教玉章在沈河区城建局的支持下,绘制出了沈阳市第一张标有沈河区42所公厕的《导厕图》。他在人大会上提出了《公厕拆迁时应预留公厕新址并适时重建》、《公厕路引标识应统一规范》等提案。2006年,在教玉章的努力下,市民开始可以通过"电话114"、"160信息台"、"短信114"等三种方式查询公厕的位置了。此后,他又将市内五区主要街道的220个公厕位置绘制成图,被三家电信部门制作成电子版的《导厕图》。此外,他还专门为聋哑人设计了发短信找厕所的办法……

教玉章在一份一般人都看不起的工作上做出了大学问,他被评为了沈阳市特等劳动模范和辽宁省劳动模范,并成为沈阳市人大代表,这样的荣誉是实至名归的。

在很多人看来,要成就一番事业,应该有高起点、高平台,如果岗位一般、环境不佳,那就很难有什么大成就。但教玉章用自己的身体力行告诉我们:在平凡的岗位上可以取得卓著的成绩,卑微的事务中也可以孕育出不凡的作为。

平凡是人生常态,成功者往往也都是由平凡走向卓越的。平凡的人在平凡的岗位上虽不能做出惊天动地的伟业来,但平凡人可以做出不平凡的业绩,成为本行业的行家里手,成为某方面的专家是完全有可能的。平凡人可干出不平凡的事业,正是这些高度敬业、不断进取的平凡人在很多方面很多领域有所创造、有所发明、有所贡献,才不断地推动社会的文明与进步。

在"5·12"汶川大地震中,涌现出了无数英雄。他们用自己的生命谱写了一曲曲尽职尽责、勇于奉献的动人赞歌。

在2008年5月12日下午地震发生的一刹那，教师谭千秋义无反顾地张开自己的双臂，将正在自己课堂里听课的四名学生紧紧地掩护在身下。一天后，当人们从废墟中将他扒出来时，他的双臂还张开着，趴在课桌上、手臂上伤痕累累，后脑被楼板砸得凹了下去。他献出了自己的生命，而四名学生在他的保护下成功获救。

谭千秋的岗位是平凡的，但他这种安于平凡的精神恰恰就是真正的不平凡。

一双曾传播无数知识的手臂，在地震发生的一瞬间，承受住了千钧重压，从死神手中夺回了四个年轻的生命，手臂上的伤痕清晰地记录了这一切，也让我们看到了人类无与伦比的坚强。谭千秋——这位来自湖南祁东县，1982年毕业于湖南大学，扎根四川27年的普通而平凡的教师，在生命的最后一刻绽放出的善良，足以让有限的生命变成永恒，感动了川湘，感动了中国。

谭千秋用自己的生命托起了三尺讲台。那张开的双臂，是一双恪尽职守、充满无私大爱的双臂。当大灾到来时，那双手臂并没有急于寻求自身的安全，而是坚强不屈地担负起保护学生的职责。

“平凡的是工作岗位，不平庸的是工作态度。”这句话在谭千秋身上得到了精彩的展现。是啊，无论你的工作多么琐碎、岗位多么平凡，如果你能够像谭千秋一样热爱自己的岗位、付出责任，那么你一定会在平凡的工作中做出不平凡的业绩。

工作本身并没有贵贱之分，任何人都没必要贬低自己工作的价值。一切诚实合法的工作都值得我们尊重，都应该充满热情、认真地对待它。

从一个人对待工作的态度，可以看出他的志向。了解一个人的工作态度，就可以了解他对待生命的态度，糊弄工作的人往往也会因为虚度光阴而失掉许多生命的乐趣。

在职场上，只有认真工作才是真正的聪明，因为认真工作是提高自己能力的最佳方法，也是得到提升和回报的最佳途径。

2.

摆正心态，选择正确的工作态度

工作干得好与坏，从根本上讲取决于我们的心态。没有不重要的工作，只有不重视工作的人。只有我们摆正心态，选择正确的工作态度，我们才能改变事情的结果。不同的态度，成就不同的人生。因为，有什么样的心态就会产生什么样的行为，而行为决定结果。

曾经有一位经理这样讲述了他的一个亲身经历：

从十几岁开始一直到大学，我做过各种工作——从修理自行车到挨家挨户推销词典，有一年我甚至为一场选美比赛工作整整一个夏天，任务是回收那些已经订购却未付款的票。此外，我还在一些家庭做数学家教，担任商店的收银员、出纳以及夏令营童子军教练。为了完成大学学业，我替人打扫、整理房间。

这些工作挣不了几个钱，但这几个钱是我当时需要的，说心里话，我当时是看不起这些工作的。

但是，最终我知道，我并不是真的一无所获。这些工作以一种潜移默化的方式教会我很多珍贵的东西，就以我在商店做收银员的工作为例，当时在很长一段时间，我认为自己是一个好雇员，做了自己分内的事——收款。但是后来发生的一件事改变了我的这种看法。

有一天，我觉得分内的任务完成了，便和同事闲聊起来，经理走了进来，四处看了看，然后示意让我跟他来。他一言不发地走到柜台前，动手整理商品，又走到食物区，将购物车清空。

看着经理的一举一动，我很羞愧，以往没有人告诉我要这样做，但我自觉的话应该能看到工作中的不足。

这件小事令我受益良多，它不仅使我成为一名更优秀的雇员，而且教会了我如何从每一项细小的工作中获得更多的东西。不仅要对自己分内的工作尽职尽责，还要好上加好，精益求精。

有了这次教训，从内心开始，我改变了对工作的看法，我越是专注自己的工作，学会的东西就越多，受益就越大。

这个阶段的经历对我的人生、事业影响颇为深远。后来我上了大学，从一个事不关己高高挂起的旁观者变成了有责任感的人。它使我的大学生活变得丰富起来，兼职和实习成为探索未来发展的机会。

毕业后，当我成为管理者时，我依然在努力发现那些需要做的事情，不断超越他人——不仅为自己的雇主努力工作，也使自己能出人头地。

如果我们摆正心态，选择正确的工作态度，视工作为享受，就会积极地去投入、去努力、去享受，并从满意的结果中体会到快乐，于是便有了“努力工作——取得成果——感受快乐”的良性循环。反之，如果我们抱着一种浑水摸鱼的工作态度，就会把工作当作一种痛苦的历程，便会心生不满，凡事抱怨，敷衍了事，从而一事无成。

郑州北站位于京广、陇海两大铁路干线的交汇处，是我国目前最大的路网性编组站之一，素有铁路的“心脏”之称，年通过货运量约占全路的七分之一，在铁路运输生产中占有举足轻重的地位。1985 年罗献生同志走上了郑州北站总调度员的岗位，他深知肩上担子的分量，意识到没有过硬的本领是难以胜任的。为了具备“金刚钻”的功能，揽好这“瓷器活”，罗献生放弃休息时间到机务段观察机务工作的特点和规律，走访列车段掌握给车长派班的情况。这时他正要举行婚礼，本来他爱人打算借度蜜月的机会出外旅游一番，但罗献生为了抓紧时间尽快熟悉业务，掌握调度本领，就耐心地说服了妻子，只是利用大休的时间草草办完婚事。第二天罗献生就出现在岗位上，使妻子的计划只能成为美好的愿望。每天下班后，他不是背《调规》，就是画站场示意图，还让新婚的妻子拿着列车运行图帮助他，夫妻二人在新婚期间演出了一幕学习业务的“二人转”，妻子爱怜地说：“跟着你真是倒霉了。”

通过虚心求教，罗献生很快摸清了联劳单位的工作规律，熟悉了调度方面的业务，掌握了工作的主动权，逐渐成为调度工作的行家里手，在推算车流方面曾达到了和实际办理车数只差一辆的准确程度。8 月，他在郑州分局举办的技术大比武中以总分第一名的成绩荣获“状元”，得知这一消息，妻子欣慰地笑了。

经过实践，结合机车运行规律，罗献生发现经常有空放单机的现象。他想如果充分利用起来，不是可以节省动力，提高机车利用率吗？为此，他总结出了“早联系、早安排、早出发”的利用单机输送地区小运转的单机带车工作法，并很快在车站推广，仅此一项，四年多来就多编车 69613 辆，等于在不增加机车的情况下，多开 1400 个列车，为缓解动力不足，加快车辆周转做出了贡献。

同志们说罗献生工作起来像“拼命三郎”。

南北长十余里，占地 6000 余亩的郑州北站，仿佛是一个巨大的棋盘，而总调度员就好像是调动这盘棋的棋手。虽然平时罗献生不善言谈，甚至还有点儿腼腆，但一工作起来，他就好比上足劲的发条，全身心地投入到调度指挥中去。在每个班平均办理车数 12000 多辆，接开列车 130 多列的繁忙工作中，做到了指挥若定、运筹帷幄，同志们都很佩服他，并给他总结了四个特点：一是对工作精益求精，细得像绣花。每天一上班他都细心调整车流，科学安排进场，力求列车中转时间压缩到最低限度。6 月的一天，1657 次列车按照计划进上行场，但他想到下行场编组的 2032 次当时还缺 20 个车，往南的一列区段列车，还差 5 个车，而接进来的这一列正好可以补足，如果调整进下行场，可以保证上述两趟列车正点开出，因此就果断地通知接入下行场。

二是在外界发生意外时能顾全大局。铁路运输是一个大联动机，在运行中往往会出现这样那样的意外情况，在分局调度所的统一指挥下，罗献生每次都及时地完成了各项救援任务。如 4 月的一天，一列货车到南阳寨后发生闯坡，分局调度所得知这一情况后十分着急，命令郑州北站立即派出调车机前去救援，虽然罗献生看到站内运用车积压，工作十分紧张，但他意识到如果不抓紧排除险情，必将造成京广线堵塞，打乱整个运行图，后果不堪设想。因此，从接到命令到派出机车总共不到20分钟，比规定时间提前了一半，从而保证了京广线的运行顺利畅通。

三是以一个党员的标准严格要求自己。有一次他罗献生臀部生了一个囊肿，医院让他住院治疗，但他当时面临着因动乱铁路运输受到严重影响的困难局面，在这关键时刻，他想作为一名党员，正是党考验自己的时候，自己怎能安下心来住院呢？他恳求医生每天打消炎针，进行保守治疗，这样虽然每天工作时只能半个屁股坐在凳子上，经常疼出一身汗，但罗献生始终坚守在工作岗位上。

四是确保重点物资的运输。在工作中罗献生认真执行车站关于重点车辆优先挂运、优先解编的生产方针，尽量压缩抗洪抢险、重点军用物资在站内的中转时间，保证了重点物资的运输。8月份，从四川发往亚运会的熊猫雕塑车辆，在他的精心组织、合理调度下，不到3个小时就顺利从北站开出。争创一流成绩，敢于刷新历史纪录是他的又一风格。9月15日，在上一班打下的基础上，他和同志们密切配合，按流进场均衡作业，日办理车数达26136辆，创造了车站日办理车数的历史最高纪录，为亚运会的胜利召开和国庆四十一周年献上了一份厚礼。

工作就是我们生命的舞台，工作的成败预示着人生的成败。也许，世界上不会每一件事情都能顺应自己的心意，也不是每一份工作从一开始就会适合自己。摆正心态，选择正确的工作态度，把工作当作一种享受，人生才能增加更多乐趣，事业才会日益大道宽广。

在职场中，我们经常都会看到这样的场景，在某个单位的办公室，有人在喝茶、聊天，有人在织毛衣，还有几个人凑在一起打牌，形形色色，五花八门。他们从来不认真踏实地干工作，而是抱着一种混日子的态度，他们甚至绞尽脑汁地想办法偷奸耍滑，生怕自己比别人多干一点儿，这样的人不会有太大的出息。

摆正心态，以正确的态度对待工作，随时随地求进步，以满怀激情和富有兴趣的心理状态对待每一件事情,并力求完美。这样,人不仅能得到应有的报酬和晋升的机会,还会得到更有价值的东西——品格的锤炼、才能的展现和经验的积累。

事实上,唯有工作,才能使我们摆脱无所事事、游手好闲的浮躁状态,使我们的心灵得以沉淀,使我们的才智得到发挥;唯有工作,才能造就人格上的高贵及事业上的辉煌。

3.为老板工作,就是为自己工作

在现代社会中,很多人已经把工作当成了谋生的一种手段,仅仅是为了生存而工作。其实,他们已经走入了一个误区,他们的心已经被斤斤计较的思想占据,从而变得目光短浅,他们在工作中总是先考虑老板是否给予了自己相应的报酬。他们总会觉得老板亏待了自己,自己付出很多而待遇并不理想。他们只会在意目前的各种保障而忽视了对自己能力的提高和工作时应有的努力。

其实,为老板工作,就是为自己工作。敷衍工作就是敷衍自己。每个人都是为自己而工作,是在为自己建设前途,如果不肯努力地去做自己的工作,只是消极应对,那么等结果出来的时候,你会目瞪口呆,甚至还会为自己之前的行为后悔。如果你想拥有一个美好的未来,就要改变"为他人工作"的想法。

无论你所从事的是什么职业,也无论你现在身在何处,都不要以为自己是在为老板工作,如果你认为自己努力的最终受益者是老板,那你就犯了一个巨大的错误。因为人在不具备自己创业的条件下,需要为别人打工来取得基本的生活保障并有所积蓄,以便为将来自己创业或选择自己所喜欢的职业奠定物质基础。

但是，作为一个立志成功的人，你就必须为将来的创业做好经验积累、技能提高、关系储备、增进知识等方面的准备。这就是说，工作所能带给你的，要远比工资带给你的多得多。如果你将工作视为一种积极的学习经验，那么每一项工作中都包含着许多个人成长的机会。你是为薪水而工作，但不只是为薪水而工作。为薪水而工作，看起来目的明确，但是往往容易被眼前的利益蒙蔽了心智，使你看不清自己未来的发展道路。所以，薪水只是工作的目的之一，你一定要认识到比薪水更重要的东西。如果你只为薪水而工作，那么你只能得到那些薪水，而且会失去很多东西。正像你如果只为吃饭而活着，那么你就只能维持着吃饭的生活。

徐虎1975年进入中山北路房管所，当上了一名水电养护工。在从事养护工作的岁月里，他背着他的修理箱起早贪黑地走街串户。很多人家都是下班回家后叫他去修理，只要大家有需要，总能在第一时间找到徐虎，他的勤恳付出赢得了人们的赞扬，被大家誉为“晚上19点钟的太阳”。

“为老板工作就是为自己工作，完成好每一件工作，不为自己的工作丢人”，是他心中最简单质朴的想法。而正是这种服务意识，使他成为人们学习的典型。全国很多媒体都对他进行了集中报道，《人民日报》《光明日报》等都将他作为“敬岗爱业、奉献社会”的劳模典型在全国进行宣传，徐虎由此闻名全国。大家记住了“徐虎信箱”，记住了“辛苦我一人，方便千万家”的承诺。

徐虎并没有满足这些荣誉，多年在物业第一线服务的他知道，仅仅凭个人的力量从局部来为人民服务是不够的，对庞大的社会需求来说，那无疑是杯水车薪。只有从根本上进行改变，找到症结的所在，才能够让更多的人不用花那么大的精力和劳动也能享受到同样的优质生活。

徐虎在思索中不断升华，不断进行深层次的探索。他把自己在物业管理中的体会，不断总结归纳，上升到理论高度。他在《城市开发》《解放日报》《上海房产》《中国房产信息》等报刊陆续发表了《浅谈物业管理将走入大盘时代和相应准备》《浅议促进物管发展的对策》《提升现代物管品牌新内涵》等多篇重量级文章。这些物业管理论文给我国新兴的物业管理专业提供了非常宝贵的资料和经验。

现在的徐虎已经成为上海西部企业集团物业总监,三次被评为全国劳动模范。尽职尽责的服务意识和扎实的工作态度为徐虎奠定了成功的基石,他以此从平凡的工人成为行业内的专家,积累了经验和信誉,开创了自己的事业。

为自己工作,工作就能带给你轻松愉快的心情,人们也会更加重视你、仰慕你。因为你的付出带给别人快乐,使别人从中获得利益,你也实现了自己的人生价值。

"为老板工作,就是为自己工作"是一句简单而动听的话,然而想真正做到这一点却并不容易。只有当你的工作热情和努力程度不为工资待遇不高、不为别人评价不公而减少时,你就开始为自己工作了。而当你开始懂得为自己工作的时候,你就会越来越突出,成为老板眼中的"红人"。

好利来创始人罗红在自立门户前,曾经在一家私人照相馆打工做学徒,即便是在这个给别人打工的阶段,罗红展示给别人的也是一种超乎寻常的打工仔的敬业与拼搏精神,他也从来没有把自己当学徒,当雇员,而是像老板一样去拼命工作。

据说有一天,罗红从照相馆下班出来后,已经凌晨5点了,连他自己都记不清这是自己熬过的第几个通宵了。在骑自行车回家的路上,他骑着骑着便睡着了,后来的结果可想而知,不久他就连人带车撞在了路边的电线杆上,被重重地摔了一个跟头,血很快便从腿上流了出来。

这只是罗红众多逸事中的一例,对于罗红的这种拼命精神,老板很快也受不了了。直到有一天,老板找到了罗红的父亲非常惋惜地说:"老罗,你还是把你儿子领回去吧。"

听到儿子要被人辞退,老罗着急问道:"怎么了?是我儿子表现不好吗?"

"不是不好,而是太好了,他太勤奋了,放在我这里肯定耽误前程,你还是让他自立门户吧!"

就这样，离开打工的照相馆后，罗红在家人的资助下，开了一家属于自己的小照相馆，这一年他刚17岁。

如果只是认为自己是在为老板工作，罗红显然不会那么拼命。在罗红的心里，有着这样一种逻辑：自己在工作中奋力拼搏不仅仅是在为老板做嫁衣，更是为自己工作，因为在这一努力的过程中，自己收获的是经验、能力以及得到充分磨炼的意志，这些东西对一个人的远期成长而言才是最宝贵的财富，它们是远非金钱和物质所能替代的。

所以，对一个想要成就一番事业的人来说，老板支付给你的只是薪水，但你一定要在工作中，赋予工作以更多的价值，你要在工作中支付给自己更多的东西。汪中求先生在《营销人的自我营销》一书中提出：要将老板当作第一顾客，因为老板不仅给了你一个工作平台，一个发挥自己潜力的机会，而且出资将你的服务买下。我觉得这话说得非常有道理，对于一个打工者来说，一定要善待老板，将老板当作第一顾客。同时，在工作中要努力经营自己。不管你是为老板打工，还是为自己打工，你都要想到，你得到的不仅是薪水，还有珍贵的经验、良好的训练、技能的提高、自我认识的加深等很多东西，这些东西与有限的金钱比较起来，其价值不知要高出多少倍。

总之，一个优秀的员工要永远记住这样一句话：你之所以工作，为的是你自己的前途与命运，而不是为了老板，也不是为了一点儿金钱。

4. 工作无小事，事事都要全力以赴地去做

有一个三只钟的故事：

一只新组装好的小钟放在了两只旧钟当中。两只旧钟"嘀嗒"、"嘀嗒"一分一秒地走着。

其中一只旧钟对小钟说:"来吧,你也该工作了。可是我有点担心,你走完三千二百万次以后,恐怕便吃不消了。"

"天哪!三千二百万次。"小钟吃惊不已,"要我做这么大的事?办不到,办不到。"

另一只旧钟说:"别听他胡说八道。不用害怕,你只要每秒嘀嗒摆一下就行了。"

"天下哪有这样简单的事情。"小钟将信将疑,"如果这样,我就试试吧。"

小钟很轻松地每秒钟"嘀嗒"摆一下,不知不觉中,一年过去了,它摆了三千二百万次。

每个人都有梦想,都希望终有一日能够成为独当一面的人才,但如果只是怀揣梦想而不愿从一件件小事做起,那么这样的梦想也只能是空中楼阁而已。

在现实生活中,大事都是由小事构成的,"合抱之木,生于毫末。九层之台,起于垒土",即使让你修建万里长城,也得一块砖一块砖地垒,不做小事,又何来大事成功呢?正所谓:一屋不扫,何以扫天下?做不了小事,又如何做得了大事呢?小事都做不好,别人又岂能相信你具备做大事的能力呢?又岂会把担当重任的机会给你呢?

工作无小事,事事我们都要全力以赴地去做,这样才会使自己得到成长,才会有加薪和晋升的机会。一个推销员,如果希望有一天能当业务经理,首要条件是把推销员的工作做得有声有色,使业绩超过所有的人,才有希望获得经理职位。即使你是一个操作机器的工人,你只要能把时间全部用在机器上,了解它的性能,了解它每一部分的功能。那么终将会有更大的回报。如果你使用了几年的一部机器,除了会操作之外,对它一点儿都不了解,甚至于什么地方出了毛病也不知道,升迁和加薪就很难与你有缘,同时自己也只能停留在原定的位置。

一家著名的国际贸易公司高薪招聘业务人员。在众多应聘者中，有一位年轻人条件最好，毕业于名牌大学，又有3年专业外贸公司的工作经验。因此，当他面对主考官的时候显得非常自信。

“你原来在外贸公司做什么工作？”主考官问道。

“做花椒贸易。”

“以前花椒的销路非常好，可是最近几年国外客商却不要了，你知道为什么吗？”

“因为花椒质量不好。”

“你知道为什么不好吗？”

年轻人想了想，说道：“一定是农民在采摘花椒的时候不细心。”

主考官看了看他，说：“你错了。我去过花椒产地，采摘花椒的最佳时机只有一个月。太早了，花椒还没有成熟；太晚了，花椒在树上就已经爆裂了。花椒采好后，要在太阳下暴晒一整天，如果晒不好，就不能称之为上品了。近几年来，许多农民图省事，把采摘好的花椒放在热炕上烘干。这样烘出来的花椒虽然从颜色上看起来和晒过的花椒差不多，但是味道就相差很远了。”

“一个好的业务员要重视工作中的各个细节。”主考官说。

这个事例中说明，工作中无小事。正是那些小事成就了一个又一个出色而又成功的人。

成功学大师卡耐基说：“一个不注意小事情的人，永远不会成就大事业。”

工作之中无小事，每一个微不足道的小事都可能会影响你的业绩，使公司遭受损失。因此，不要小看小事，不要讨厌小事，只要有益于自己的工作和事业，我们都应该100%地投入，不管是做大事还是做小事，都要从公司的发展出发，全力以赴。

不能做小事的人，做不成大事。只有甘心做小事，积累起来，才能为做大事打下基础。所有的成功者同我们一样，每天都在对一些小事全力以赴，区别在于他们从不认为自己所做的仅仅是简单的小事。

从事一份工作,你能不能从基层做起,从微不足道的地方做起,从身边的小事做起,踏踏实实,一步一个脚印,把最简单的小事做到最好呢?即使你现在从事的是前台接待工作,而你从事的是客户服务工作,那么也请你先把前台工作做好。你如果对客服工作有兴趣,也自信有能力把它做好,你当然有权利去尝试,但千万不要忘了你手头的工作。

你是否对小事感到厌倦、毫无意义而提不起精神?你是否因小事而敷衍应付,心里有了懈怠?这不能成为你的借口。请记住:这就是你的工作,而工作中无小事。

关注小事,把小事做细,把细事做透,这是卓越员工的基本素质。不要小看任何一项工作,没有人可以一步登天。当你认真对待每一件事时,你会发现自己的人生道路越来越宽广,成功的机遇也越来越多。

5.热爱工作,才能点燃工作激情

世界首富比尔·盖茨有句名言:“每天早晨醒来,一想到所从事的工作和所开发的技术将会给人类生活带来的巨大影响和变化,我就会无比兴奋和激动。”

比尔·盖茨的这句话阐释了他对工作的激情。在他看来,一个事业成功的人,最重要的素质是对工作的激情,而不是能力、责任及其他,虽然这些在工作中也是不可缺少的。

的确,一个人在一个岗位上工作久了,难免会失去对工作的激情和热情,工作的成效也肯定会降低。而俗话说得好,“热爱是成功的前提,激情是力量的源泉”,一个人要创出优异的工作业绩,必须先热爱这份工作,并将以此为引擎,永远保持争创一流的工作状态,再增加工作激情,这样在工作中就一定能创造出佳绩。

苏联作家高尔基说:“天才是由于对事业的热爱感而发展起来的,可以说,天才就其本质只不过是对事业、对工作过程的热爱而已。”

事实上,我们无法选择工作本身,但是我们却可以选择工作方式和态度。成功人士对于工作都很热爱,他们努力工作是因为他们在享受工作。只有像热爱生命一样热爱自己的工作,提高工作效率,才能成为成功人士。

工作是我们生活很重要的一部分,我们没有理由不去热爱它。否则,我们就会觉得非常累,工作业绩不会提升反倒后退。只有热爱工作,才能点燃工作激情,才能把工作上的事情看成自己的事情来处理,才会全身心地投入到工作,把工作做好。

凯特·温丝莉女士供职于西雅图第一金融担保公司,在三年的工作中,她赢得了“难不倒”的美誉。她既不是第一个上班的人,也不是最后一个下班的人。她有自己的一套工作准则,那就是无论发生任何情况,她都能够把自己的激情投入到工作当中去,热爱自己的工作。同时,她处理每一件事都很细致周到,这使得其他人为提高工作效率,总是想方设法把事情交给她处理,因为他们都清楚,这能保证他们的工作在第一时间高品质地完成。

凯特也是一个值得部下为之卖命的上司,她总能认真倾听同事的想法,了解部下所关心的事情;反过来,她也得到了下属的喜爱和尊敬。遇到同事的孩子生病或有重要约会,她都能主动分担他们的工作,这对于她已经是再平常不过的了。而作为一名职业经理,她还要领导她的部门出色地完成每一项任务。她采用一种轻松的方法,几乎不会让人产生任何的紧张——当然,她的下属和副手也都非常乐意与她一道工作。凯特的小组赢得了好评,成为全公司公认的能委以重任的团队。

与此相反,三楼有一个运营部门,人数众多,绩效却不理想,他们与凯特的团队形成了鲜明的对比,因而成为大家批评的焦点。形容这个团队的词语有“反应迟钝”、“争权夺利”、“行尸走肉”、“令人厌恶”、“不紧不慢”、“贫乏消极”。这是一个人人都不喜欢的团队。不幸的是,公司绝大部分事务都必须要与三楼打交道,尽管所有人都害怕与三楼发生任何联系。

主管之间总在传说着一些三楼闯祸的小道消息,凡是到过三楼的人都把它描绘成一个死气沉沉、足以令人窒息的地方。

凯特还记得一位经理开玩笑,说他应该得诺贝尔奖。当她问他是什么意思时,他说:“我想我可能发现了三楼还有生命存在的迹象。”于是,大家哄堂大笑。

几个星期后,凯特慎重而又有些不情愿地接受了提升:担任第一金融担保公司三楼业务部的经理。虽然公司对她接手三楼寄予厚望,但她却是硬着头皮接受了这份工作。

工作的开展自然十分艰难,但是,凯特迅速调整心态,把对这份工作的厌恶转变成了热爱,同时她的这种积极的情绪深深地影响了员工,在这种精神的支持和鼓舞下,凯特所在的部门迅速改变,并最终成为公司的典范。

有句话说得好:“选择你所爱的,爱你所选择的。”作为一名员工,凯特强迫自己爱上自己选择和接受的工作,通过自己的努力,为公司做出巨大的贡献,也为自己的职业生涯写下了闪亮的一笔。

要想点燃工作激情,前提就是我们必须要热爱自己的工作。只有从内心去热爱自己的工作,才会对工作上心,才会慢慢产生工作的兴趣。其实,任何人都有可能不得不做一些令人厌烦的工作。给你一个很好的工作环境,但如果总是一成不变的话,任何工作都会变得枯燥乏味。

许多在大公司工作的员工,仅仅是为了生存而不得不出来工作。他们拥有渊博的知识,受过专业的训练,有一份令人羡慕的工作,有一份不菲的薪水,但是他们对工作并不热爱,视工作如紧箍咒。他们精神紧张、神经压抑,工作对他们来说毫无乐趣可言。这样的人也许会认真对待工作,但不会取得很大的业绩,不会有很高的工作效率,仅仅能够保持原态而已。

事实上,你对自己的工作越热爱,决心越大,工作效率就越高。你的工作效率越高,就越会受上司的看重,就会赢得荣誉和不菲的工作报酬,从而你会更加热爱你的工作。于是,你就进入一种良性循环状态。

热爱工作，才能点燃工作激情。当你点燃激情，对工作充满热情时，上班就不再是一件苦差事，工作就变成了一种乐趣。如果你对工作充满了热爱，你就会从中获得巨大的快乐！

6. 平凡的岗位，不平凡的业绩

现代社会，是一个竞争激烈的社会。所以对于很多企业来讲，为了不被淘汰，都在寻找各种方式和方法来提高工作的绩效。不过很多企业发现，无论是优秀的管理模式还是先进的管理经验，只要一应用到自己的公司就“不灵”了，工作绩效并没有明显的提高。这是为什么呢？事实上，无论是优秀的管理模式还是先进的管理经验，归根结底还需要人来做，如果不能从根本上改变人，所有的努力都将是无意义的，美好的愿望也只是愿望了，而不会转化为实际的效果。

员工的业绩是支撑一个企业生存与发展的基础，只有员工们取得较高的业绩，企业才能够向着更好的方向发展。“不管黑猫白猫，捉住耗子的猫就是好猫”，对于一个企业、一个公司来说也是一样，即便你没有高学历、没有才华、没有较深的资历……但只要你能够取得出色的业绩，其他的一切便都可忽略不计。相反，即便是你各方面的条件都不错，但却业绩平平，那么你最终也只能接受被淘汰的命运。

我们每个人在自己的岗位上都扮演着某种角色，不同的岗位扮演着不同的角色。而命运赐予每个人不同的角色，如果不幸被分配到饰演一个小角色，那么与其怨天尤人，不如全力以赴。因为再小的角色也有可能变成主角，哪怕你连一句台词都没有。

平凡的岗位，不平凡的业绩。职位不在高低，只要恪尽职守，就可以创造不平凡的业绩。

1999 年,由于深圳市场很不好,伊利公司的产品在深圳还没等站稳脚跟就失败了。乌日娜对蒙牛集团的董事长牛根生说:相信我吧,我一定能干好。

万事开头难,但乌日娜下定了决心,一定要开发出深圳这个大市场来。由于没有促销费,乌日娜便自己做了 T 恤衫,大量登载报纸广告,广印宣传单,还穿着蒙古袍进行促销……

当时沃尔玛就只要一件小型包装的牛奶、一件大型包装的牛奶,后来又涨到了三件。当时的条件比较艰苦,没有送货车,乌日娜就坐公共汽车或者骑自行车送货。

刚开始作促销时由于缺乏经验,经常会碰到诸如用低工资雇用的促销员卷走货款、在住宅小区促销时丢货等问题。到了七八月份,天气炎热而又多雨,箱底都长了绿毛,损失了一批货。乌日娜在那段时间不禁感到又累又气,身体也出了毛病,于是她做了直肠息肉的手术。没过多长时间,她又在医院里查出了糖尿病。南方天气较热,雨水也多,在外面跑业务的她鞋子里常常浸满雨水,人的脚趾总在雨水里泡着,就会变形,容易得类风湿。九月份时,她的父亲去世了,而她却被台风堵在了机场……

但这一连串的困难并没有将乌日娜打倒,她开始从失败和过去的点点滴滴中总结经验教训。天道酬勤,第一年下来后,300 万元的合同她完成了 600 万元;第二年,合同一下就订了 3600 万元。对于一般人来说,这可是个可怕的天文数字,原来跟着乌日娜的一批销售骨干看到这样的合同,全都被吓走了。

原本需要在呼市静养并治疗脚疾的乌日娜,丝毫不愿耽搁,很快便赶回了深圳。凭着这种精神和毅力,乌日娜在这一年里再次创造了奇迹,她用自己的业绩证明了 3600 万元也没有什么了不起,因为这个梦想已经被她变成了现实。

蒙牛集团正是因为有了众多像乌日娜这样不惜千辛万苦作出出色业绩的员工,才能够取得今日的辉煌成就。

业绩是检查一个人工作效率的根本,没有业绩,即使付出再多的努力也不过是竹篮打水一场空罢了。一个人要想在事业上取得成就,就必须要有出色的工作业绩。有了出色的业绩你就可以在众多员工中脱颖而出、引人注目；有了出色的业绩，即使你不提，老板也会主动为你升职加薪；有了出色的业绩，你就可以在竞争中站稳脚跟，并成为公司中的明星员工。

在顶山街道临泉村，提起村党总支书记许文英，老百姓们总不忘竖起大拇指。她自从到村里任职以来，始终把农民群众最关心最盼望的问题挂在心上，一心一意替农民群众着想，带领村两委一班人，在平凡的岗位上做出了不平凡的业绩。

2005年刚到顶山街道临泉村担任党总支书记、村主任的许文英，发现村里存在着干群矛盾多，干部畏难情绪严重，村党组织凝聚力不强等问题。对此，许文英没有退缩，她先从村干部工作作风入手抓起，制定了临泉村工作规定，强化工作纪律，规定阶段性工作目标任务并明确到人，强化村干部的服务意识。她亲自带队连续奋战，加班加点，利用不到一个月的时间跑完全村每户居民，梳理汇总村民反映的各种问题。

作为浦口区第一批新农村示范村，许文英通过亲自下组走访、调研分析，决心带领居民群众自力更生改善生产生活环境。针对临泉村现状，通过周密规划，决定将浦乌路、定向河路的改造作为环境综合整治工作的重点，面对浦乌路、定向河路两侧违建多，厕所、猪圈多，污染较重的情况，为了从根本上解决问题，作出了拆除违建、厕所、猪圈的决定，制定了具体的工作方案，通过发放《告村民一封信》和村民面对面的对话，解决村民自拆劳力问题和为村民解决生猪销售渠道以及旧砖处理等措施，使拆违工作顺利推进，并做出了成效。老百姓高兴地说，环境整治改变了脏、乱、差、臭的现象，水变清了，家园变美了，村里干了一件大好事。

如何让村民的口袋鼓起来是许书记来到村里最惦记的事情，许文英根据临泉村地处城乡结合部的特点，积极思考，想方设法盘活闲置的固定资产，将空闲仓库进行改造，租赁给私营企业，为村集体增加收入。2007年，成功引进了梦丹妮服饰有限公司入驻临泉村,2008年,引进浦厂改制企业苏铁公司入驻,在增加了税源经济同时,也解决了部分农村富余劳动力的就业问题。同时,村里还成立了劳务队,举办各类技能和再就业培训20余场次,不仅承担了区域内如南京海螺有限公司及浦厂改制企业等10余家单位的繁重劳务,解决了失地农民再就业问题,还让企业腾出精力,加快发展,实现了村和企业的"双赢"。通过努力,全村工业产值从2006年的64080万元,上升到2010年的119648万元,税收从2006年的2793万元上升到2010年的4821万元。村级集体经济收入也由2006年的271万元上升到2010年的480万元,农民人均收入由2006年的6766元上升到2010年达13226元,全村经济发展保持了良好的发展态势。

此外,许文英每年拿出近10万元为全村60岁以上老年人免费办理合作医疗,同时还拿出6万余元为全村60岁以上老年人发放200元的老龄补贴。她每年都要对本村困难户、五保户亲自走访、慰问,对病故去世的村民都要前去吊唁并送去慰问金,使干群关系得到了进一步的改善。

工作岗位对于我们每一个人来说都是重要的。抱着敷衍的态度工作是永远也不可能有收获的。也许我们从事的是很平凡、很普通的工作,也许我们现在就是一个跑龙套的小演员,但是小演员又怎样呢?小演员身上也能放射出巨大的光芒,这完全取决于我们自己的心态。如果我们用"小"的心来演绎自己的人生,那么只能是不受重视的小角色。如果我们用"大"的心去演好每一个角色,那么,即使是一个小角色,也能演出主角的风采。

因此,无论岗位大小,每个工作岗位都承担着一定的社会责任,都有一定的价值和意义。只有在自己平凡的岗位上充分发挥聪明和才智,才能做出不平凡的业绩,才能成为一个卓越的人。

第二章　安心就要用心，积极主动自动自发

要想安心工作，首先要用心工作。用心工作是一个人最基本的职业道德，也是对工作的一个最起码的标准。用心才能专心，专心才能安心，安心才能脚踏实地、不找借口、积极主动、讲究方法、尽心尽力，把工作做到最好。

1. 优秀的员工都是用心的员工

在企业中，有很多员工都会发出这样的感慨：同在一个单位、同样的学历，为什么有的人总是业绩比自己好、工资比自己高、待遇比自己优、进步比自己快、更能够获得领导的信任？为什么总有一部分人比自己优秀？优秀究竟有什么特质？怎样才能使自己成为一名优秀的员工？

事实上，那些优秀的员工都是用心的员工。他们凡事用心对待，切实做到用心工作。用心工作，就是指用负责务实的精神，去做每一天中的每一件事；用心工作，就是指不放过工作中每一个细节，并能主动地看透细节背后可能潜在的问题。所以，任何时候，只有用心，才能见微知著。不论做任何事情都要追求卓越。一个人的能力有大小之分，天分有高低之分，悟性有好坏之分，但它决定不了一个人的命运。最重要的是勤能补拙，一分耕耘一分收获。反之，再好的资质，不去磨炼也难成大器，即使小有成就也不会长久。因此，要想成为优秀员工一定要用心工作，追求卓越。

1993 年秋天，辉县市村“两委”换届。时年 37 岁，已在外经商 13 年，以 200 多万元资产成为“全镇首富”的退伍军人、共产党员张荣锁，主动向市上八里镇党委请缨，要求回到故土回龙村当支书。

当时回龙村的贫穷状况，在改革开放已 10 多年的中国农村实属少见。这个地处豫西北与山西搭界的太行深山之中不足千人的小山村，竟被 40 多道山冈隔离成 17 个自然村。封闭状态下的回龙村没成为“世外桃源”，倒成了“极贫部落”。

已是 20 世纪 90 年代，这里依然是运输靠人背，磨面靠石碾，照明靠油灯。没钱娶嫁，村里青年人大多是“换亲”成家。不少人家农闲季节一日只吃一顿饭……

“你有高级轿车坐着，县城 10 多间门面房开着，采石厂办着，一年收入 30 多万元，何必回穷山沟受罪？”亲朋好友劝张荣锁。

“为圆一个人生梦！”张荣锁想起 1975 年的冬天，高中毕业的他走出大山参军报国。到部队后，新战友们都夸自己家乡好，张荣锁也向大伙儿描述“家乡风光”：蜿蜒逶迤的公路环绕山间，满山遍野的果树春华秋实，绿树成荫的林木簇拥着座座新房……“好个世外桃源！”战友们羡慕不已。

然而，张荣锁对家乡的描述并非现实，只是他久藏心底的梦想。在部队服役 5 年并入了党，退伍后经商、跑运输、办企业，丰富了经济头脑的他，怎能放弃这个带领家乡人实现昔日梦想的机会？

“不怕自家经济收入上受损失，不为当支书手中有权力，不图当官借机捞好处。我放着‘百万富翁’的日子不过自讨苦吃，图的是借一个舞台实现走出大山时的梦想，带领村民把‘极贫部落’变成“小康群体’！”

上任演说时，张荣锁向党员、村民立下誓言，博得阵阵掌声。

上任伊始，张荣锁到山崖上的几个自然村了解情况。晚上，当他踏进张沟自然村村民董忠勤的家门时，院里、屋里黑洞洞的，只听隆隆的石磨声。走近了，才看清老董和儿子正在推磨磨玉米，墙上一盏老油灯的灯头细若豆粒。到谢莲英家时，天还不冷，屋门口却燃着一堆火，只见谢莲英正和儿媳趁着火光做针线。“没有电，真让乡亲受苦了！”张荣锁心情沉重，当场许诺：“年底之前一定把电送上山！”

“这么高的山，能送上电？送天上的闪电吧？”村民将信将疑。

是的，往山上送电谈何容易！回龙村崖上崖下相差高度800米，直线距离5公里。要把几十根每根500多公斤的水泥电杆，抬上海拔1700米的老爷顶，其间要穿过几道沟，翻过几道岭，还得攀上绝壁，登越险峰。过去，市、镇供电部门也曾勘测多次，都因“电杆无法抬上山”而搁置下来。

“如今火箭都上了天，就不信电杆上不了山！就是拼上一条命，也要把电杆插上山，让崖上人结束黑灯瞎火的历史！”张荣锁立下誓言。

这年冬天，张荣锁带着村民打响了“送电战役”。12人抬一根电线杆，脚踏着根本没有路的山崖砾石，一步一步往上挪。有的地方坡度太大，空身往上爬都困难。如若有一人松劲，千斤重的电杆就会直冲而下，后果不堪设想。张荣锁自己抬电杆大头的最末节，承受最大的重力，承担最大的风险。他以此激励大家：“你们放心地抬吧，电杆滑下来，要砸也是先砸我！”

电杆抬到悬崖绝壁前，无法再抬了，大伙儿就用粗大的长绳拴住电杆的一头，几十个人喊着号子，一寸一寸地往上拖。不少人双手被绳子勒得皮开肉绽。就这样，苦斗35天，硬是把78根水泥杆“栽”上了崖顶。

1994年2月5日，明亮的灯光终于照亮了崖上。这一夜，崖上村民久久没有歇息——妇女们就着灯光做针线，孩子们在灯下玩耍嬉戏，老人们则看着灯泡出神……

“送电战役”刚结束，张荣锁又带领村民打响了“治坡之战”。

回龙村的座座荒坡，乱石遍布。星星点点的贫瘠土地嵌在石堆间，挂在高坡上，没个像样的地块供村民种粮种果。“绝不能把穷山恶水留给子孙，得让回龙山水在我们这代人手里重新变个样儿!”严冬,张荣锁带领全村 430 名劳力,在山上埋锅造饭,垦荒造田。

工地上,张荣锁既是“指挥员”,又是“壮劳力”。他高烧已达 39 度多,扛石头把肩膀磨出了血,肿起老高,皮肉和内衣竟然粘连在了一起,撕都撕不下来。高帮解放鞋被石块割开二寸多长的口子,脓血不住地渗出鞋外,但尽管如此,他仍与村民并肩拼搏。

村民们苦斗 50 多个日日夜夜,硬是在荆棘乱石间造出 90 亩梯田。连续 3 年,全村治理了 8 座荒坡,开辟良田 1500 亩,种下苹果、山楂、桃、梨等果树 3.5 万株,目前已有 1.5 万株进入盛果期。张荣锁当年那“满山遍野的果树春华秋实”的梦想终于实现了!

粮、果多了,没有路运不出山,变不成钱。张荣锁带领村民修筑了 3.5 公里柏油路,接通山外公路,结束了回龙村“与世隔绝”的历史。有了公路,货畅其流,山里的“特色经济”迅猛发展。

在工作中,很多东西需要你用心去做:工作流程等待你去优化,工作方法期待你去创新……有心人一定会发现,工作之中其实有无穷的乐趣。

只有用心去工作,你才会热爱你的工作,才会发现其中的乐趣,才会创造突出的业绩,而这样才能使你得到老板的赏识。

优秀员工就是那些懂得用心去工作的人。用心工作的员工是企业的财富,也是企业真正需要的人。一个用力工作的人,只能做到称职;只有用心工作的人,才能达到优秀。用心工作是一种工作态度,更是一种工作方法和工作哲学。从平凡到优秀,其实只有一个秘诀,那就是工作上要用心一点儿,再用心一点儿。只要用心去做,每个人都能成为最优秀的职业人!

2.

脚踏实地，把心思全部放在工作上

在这个世界上，不付出的人不会有回报，而付出了的人也不一定百分之百能够得到回报。因为总有那么一些人，表面上看，他们忙得焦头烂额、不亦乐乎，而事实上，他们的这种“忙”不过是一种不注重实效的瞎折腾罢了。

真正注重实效工作的人必然是脚踏实地，把心思全部放在工作上的人。这样的人不是用力去做工作，而是用心去工作。这里所说的“用心”，不单要把心思全部放在工作上，而且还要积极主动地去思考、去创造。任何公司、企业都需要用心工作的人，而这样的人也能备受企业的青睐。

俗话说：干啥吆喝啥。既然身有一个岗位，就要脚踏实地，把心思全部放在工作上，竭尽全力干好本职工作。

早晨，林达驾车上班时，经常会遇到三个卖报纸的年轻人。他们每一个人都有一套属于自己的卖报策略。然而，其中一个人总是能够最先卖完自己的报纸，而事实上，另外两人所处的位置比他优越得多。等林达一天天地从卖报人身边经过时，他才渐渐领会到，原来那个人的成功与他所选择的位置并没有什么关系。

第一个卖报纸的人，老是站在丁字路口，他的脸上是一成不变的愁眉苦脸的样子。当那些坐车的人向他招手索要报纸时，他才不紧不慢地走过去，当购买者刚看清他那招牌式的苦瓜脸时，他已经将手中的报纸生硬地塞进了车窗。一旦赶上刮风下雨的天气，就很难见到他的踪影了。大多数的情况下，下雨天是很难买到他的报纸的。林达也不是不能理解他，然而当林达迫切想买某一张报纸，而又无法看到他时，就难以容忍他这样的工作态度了。所以，后来林达就再也不从他那里买报纸了。

第二个卖报纸的人，他站在十字路口，不断变化的红绿灯带给他不少便利。一旦乘车的人被红灯阻拦，他就前前后后地在停下的车队旁不住脚地来回奔跑着，大声叫喊着他所卖报纸的名字。林达有几次打算从他那里买份报纸，然而都没能如愿以偿，原因是他总是忙于奔跑，很难锁定他的位置。不管林达是招手还是喊叫，他似乎从来就没有注意到林达。

而第三个卖报纸的人总是固定地站在繁华街道的中央。他的双腿略微分开，以便固定他的站姿。他的手中总是拿着几份报纸放在胸前，以便司机和乘客从他身边驶过的时候，能够瞥一眼大字标题。他从来不随着车辆走动，他总是等着他的顾客驶向他的身边。他用令人愉快的"早上好"问候每一个坐在车里从他身边经过的人，当有人慢下来打算购买报纸时，他的脸上就会绽放出灿烂的笑容。他友好的态度给林达留下了深刻的印象，当林达驾车离开时，他在后面大声说道："谢谢你！祝你拥有快乐的一天！明天见！"他总是设法在卖出报纸的几秒钟内，把这些话语说得清清楚楚，且悦耳动听。

这天早上，又下雨了。第一个卖报人不知躲到哪里去了。第二个卖报人，拿着湿漉漉的报纸继续在车流中来回奔跑。第三个卖报人，依旧站在他的位置上，身穿一件鲜亮的黄色雨衣，胸前的报纸被严严实实地遮挡在透明的塑料布下面，一点儿都没有被弄湿。人们依然可以看到醒目的大字标题，更能清晰地看到他脸上洋溢着的灿烂笑容。

没错，第三个卖报人就是林达最喜欢的、也是其他人最喜欢的那一个。因为这不仅仅是一张报纸的问题，人们完全可以从三个卖报人的身上体会到很多其他方面的东西。

脚踏实地，把心思全部放在工作上，本来不应当成为一个问题。但是，从现实情况看，仍有谈论之必要。把心思用在工作上，就是集中精力把自己的本职工作做好。人的精力是有限的，工作之外的事忙多了，用在工作上的心思就必然会减少。

一门心思干工作是个人成事之基。人的素质有高有低，能力有大有小。但是，如果用心不专，精力分散，没有心血和智慧的持续投入，纵然你学识渊博，经验丰富，也可能干不好工作，做不成事情。

把心思全部放在工作上，首先要端正思想认识，要有认认真真、踏踏实实干好工作的从业态度；要热爱自己的职业，珍惜自己的岗位，在思想上确立一种对工作尽职尽责的思想，把保质保量干好自己的本职工作作为义不容辞的责任。

把心思全部放在工作上，就要学技术、钻业务，把业务学精学透，要从书本上学，在实践中学；要在学中干，在干中学；要尽快地熟悉业务，并成为独当一面的业务骨干。

把心思全部放在工作上，重要的是要落实在实际行动中。要本着“不干则已，干就要干出个样子”的原则，安下心来，一心一意干好自己的工作；要集中精力，竭尽全力，围绕中心工作去想办法、干事情，拓展工作思路；要想方设法改变工作方法，提高工作效率；要严格工作标准和工作制度，保证工作质量；要遵章守纪，绝不马虎、凑合、对付，更不能“身在曹营心在汉”，手上干着工作，心里却想着钓鱼、喝酒、打麻将的事。这样不但工作干不好，安全也没有保障。

把精力用到什么地方，反映了一个人的思想境界，体现了一个人的工作作风。古人说：不患无策，只怕无心。把心思和精力集中到工作上，就能一心一意想打赢、谋打赢；集中到难点上，就能攻克难点；集中到关键点上，就能势如破竹。当优秀员工的良好作风产生示范效应时，就会在整个工作中形成一往无前、埋头苦干、奋发有为的良好氛围。

3.

敢于担当，不找任何借口

工作中，有些人在困难面前总是表现出怯懦与畏难的心理恐惧，选择逃避与后退。在困难面前缺乏勇气和信心，回避困难，逃避责任。这样的人常常抱怨自己的不幸，却宁愿忍受痛苦而不主动寻求改善。逃避不是解决问题的方法，你不去面对它，你就永远无法解决它。

如果你去接近每一个成功的人士，你就会发现，他们都是经历过那么多的失败之后才成功的。面对失败时的两种选择，决定了你日后的成功与否，一个是为了下一次的成功去总结失败的教训与找出成功的方法；一个是为自己的失败找寻一大堆的借口与理由，来解释自己的失败。好像失败总是别人的过错，或是不关自己的事，这种怨天尤人、推卸责任的态度是在逃避现实。

无论是在工作还是生活中，我们都必须要有这样一个信念，事不避难，敢于担当，不找任何借口。遇到困难不畏缩，为自己的行为负责。一个成功的人是不会去逃避他自己的任何责任的。

有一家大型跨国公司，对采购部门的资金控制非常严格，并制定了一条硬性的采购制度，不可透支账户上的存款余额。也就是说，如果账户上没有资金，总公司就不会再拨款给分公司采购产品，直到分公司的财务重新把账户补满。这种情况往往要到下一个采购季节才能得以缓解。

何宇是这家公司的采购主管，有一次，他听信部门经理助理的建议，大量采购了新加坡的一种产品，花掉了账户上的采购资金。就在采购完成后没多久，何宇接到了部门经理的电话，要求他采购一批韩国企业生产的新式提包，这种款式的提包在欧洲市场上很受欢迎，公司建议分公司也采购一部分。

这让何宇措手不及，经理的指令必须执行，但是采购资金已经被透支了。没有资金，他用什么采购？于是他想向经理说明情况。这时，一位同事向何宇建议："不如你把责任推到经理助理身上，反正是他的建议。"

何宇拒绝了这个建议。何宇知道，采购物品的选择是自己的事，虽然是经理助理的建议让他透支了采购资金，但毕竟是他最终作的决定。于是，何宇如实汇报了采购新加坡产品的事情，并坦率地承认是自己的失误，并申请追加拨款，采购韩国提包。

听到这个消息，部门经理尽管很生气，但他很敬佩何宇及时弥补错误的做法，所以设法给何宇拨了一笔款项。那种新加坡产品和韩国提包推向市场后，产生了很好的反响，销售异常火爆。很快，何宇收到了总公司的表扬信。

我们每个人都应该勇敢地去承担那些属于自己的责任，遇到问题要敢于面对，勇于解决，而不是一味地找借口。无论当前的问题会产生多么严重的后果，我们都应该为自己的决定负责，心平气和地去接受所有的结果。

一个不敢于担当的人，社会是不会给他成功机会的。敢于担当的人都是有为者；不能勇于承担责任的人，即使能力再强，也是庸才。一个人对自己的选择要负责任，只有负责任，肯担当，才能够在工作中独当一面，成为公司倚重的骨干。

赵云是一家公司销售分公司的经理，有一次公司的产品在他负责的区域周边发生了一起质量事故，而恰好那家分公司的经理又出差不在。按规定，这种情况不应该由他处理。但是赵云心里明白，按照惯例，这种情况必须由他出马，在第一时间内赶到现场处理。可是赵云知道他面临的问题非常棘手，一不小心就会引火上身。于是，在总公司给他下指示之前，赵云以身体不舒服为由，向公司告假。

总公司下达指示时，助理接完电话向他汇报，他以身体有病为由，让助理赶去处理。助理毕竟经验不足，不但没使事态平息，而且使事件进一步升级，双方僵持不下。总公司不得不另外派人去处理，最后这次质量事故引起的风波虽然得到了平息，但是公司付出了很大的代价。

公司最后肯定要追究责任，经过调查，如果赵云第一时间赶到现场处理的话，就不会造成那么大的损失。但是赵云却以自己告假为由，称自己并不知道这起事件的具体情况，一切都是助理自作主张，带领一帮人去处理的。

虽然赵云把责任推到了助理身上，但是总公司还是对赵云的工作态度和人品产生了怀疑，害怕他把这种手段当作惯伎，影响分公司的团结和业务的开展，过了一段时间后，找了一个合适的机会将他解聘了。

通常我们对一个人的评价好坏，关键在于他是否敢于担当。但事实上，在大难临头时还能声明“我愿意承担责任”并不容易。

借口不能帮助我们成功，排除一切借口，为自己的工作负责，不为失败找理由，这才是迈向成功的基本态度。

我们要努力找出解决问题的方法来，把问题解决掉；如不能解决，在吸取教训后，下次一定不要再犯，进而养成“敢于担当，不找任何借口”的好习惯。

4. 讲求方法，巧干胜于蛮干

在俄罗斯有这样一句谚语：“巧干能捕雄狮，蛮干难捉蟋蟀。”这句话道出了一个普遍的真理，即做事要讲求方法，巧干胜于蛮干。

在企业中，有很多员工一生都在兢兢业业地努力工作，不敢让自己有丝毫的停歇，这样的人，我们不能说他们不够忙碌，也不能说他们不够敬业。但是无论他们怎么努力都无法取得好成绩，得到丰厚的薪水，这恐怕跟他们没有随着时间推移而不断提高自己的能力有很大的关系。

作为员工，埋头做好老板交代的事情本无可厚非，但要想迅速攀到职业“顶峰”，这是远远不够的。许多人为了在领导面前表现自己，常常加班加点工作。这些人错误地认为，唯有这样才能得到上司的赏识。其实，工作效率与工作业绩才是重中之重，不要盲目地为忙而忙，也不能为做表面文章而假忙，结果却没有任何成绩。

巧干胜于蛮干。机会对于每个人都是公平的，只是看自己能否发现、能否抓住；每个人每天所拥有的时间也是同样多的，就看是否能够有效地利用、能否提高它的利用率；工作对每个人也是平等的，是否能够取得成绩，就看是否有效率、是否能够有好的工作方法。

飞跃集团总裁、世界缝纫机大王邱继宝，就是一个善于巧干的人，正是由于他的巧干，使他获得了辉煌的业绩。

1982 年，邱继宝创办缝纫机厂的时候，只有 300 元创业资金。但经过他 20 多年的巧干，他创办的飞跃集团已经发展成为拥有 1000 多名员工和 10 多亿资产的企业，年产缝纫机 150 万台，产品 60％出口，远销 120 多个国家和地区，其中 50％进入了欧美日等发达国家。

他是如何巧干的呢？邱继宝的话道出了真谛：“你说这个缝纫机有什么呢？不就是一点铁、一点铜吗？怎么这么能赚钱？因为它的芯片是我们自己开发的，我们卖得贵，这就是在卖技术的钱！”

原来，邱继宝的“巧干”就“巧”在技术创新上。他组织科技人员研制、开发出了技术含量高的“芯片”，从而使“飞跃”牌缝纫机打败了美、日等发达国家的品牌，让全世界的同行都知道了“飞跃”。

只有提升自己解决问题的创新能力，磨砺自己能力的刀锋，才能“恢恢乎游刃有余”于问题之中，才能登上职业金字塔的最顶端。

工作中，没有一成不变的任务；处置不同的情况，需要我们因时因地制宜，做出不同的决策。做事时，需要一种求实的态度和科学的精神，在任何情况下都要按科学规律办事，自觉用理智战胜冲动，用巧干代替蛮干。这才是职场成功的捷径，不能深刻理解这一点，将事倍功半。

巧干是一种分析判断、解决问题和发明创新的能力，是敏锐机智、灵活精明的反映，也是充满活力、随机应变的智慧。

会巧干的人，不愿意走别人走过的路，总想开辟一条新途径，寻找新的机遇，尽管路上是荆棘丛生。

会巧干的人与众不同，而且并不介意与众不同，会巧干的人应当认识并接受这一点。

会巧干的人从不循规蹈矩，对墨守成规的人嗤之以鼻。他们往往放荡不羁，喜欢标新立异、独辟路径，以新的方法去干老的工作。

会巧干的人具有独立性，他们具有独立工作的能力，有时喜欢独处，往往与大多数人的意见不一致，而对自己的信念和愿望则往往固执己见。

会巧干的人看问题具有与常人不同的眼光，他们具有特殊的综合能力，往往别出心裁。当别人说 1＋1＝2 时，他们却说 1＋1＞2 或 1＋1＝11。

会巧干的人不满足于浅显的东西、世俗的东西、平庸的东西或陈腐的东西。他们不满足于对问题的第一个答案，在不断的追求和探索中感到其乐无穷。

可见，讲求方法的重要性。巧干胜于蛮干。只有抓住了事情的关键，才能找到有针对性的方法。有的员工会发现，自己付出的辛勤汗水并不比别人少，但成绩却没有别人好，究其原因，主要是方法和技巧的问题。所以在工作中，我们千万要注意做事的技巧和方法。

5.

积极主动，用心做好每件事

一个优秀员工的表现应该是这样的：无论老板在不在，他都会一如既往地努力工作。因为他知道，工作并不是做给老板看的，尽管许多人一直这样认为，并且趁老板不在的时候松懈下来。老板的离开并不意味着他完全失去了对公司的控制，因此，行为谨慎的员工知道别人会看见他或将会看见他。他知道周围的同事都在默默地做自己的事情，他更清楚凡是自己做得不好的事总会传扬开去。即使单独一个人行事，他做事的态度也慎重得像整个世界都在监视他似的。

工作的主动性是员工的必备素质。事实上，无论趁机偷懒还是谨慎无奈地继续自己的工作，都不是正确的做事方法。尽管后者仍然努力，但那也只是防止有人打小报告，告自己的状而已。被动地工作最多能够完成老板交代的任务，然后心安理得地拿自己的薪水，对一个优秀的员工而言，这样做是远远不够的。

评论员工优秀与否有一个标准，那就是他工作时的动机与态度。如果如前面所说被动地工作，习惯于像奴隶一样在主人的督促下劳动，缺乏工作热忱，那么就可以确定，这样的员工是不会有什么成就的。

优秀的员工之所以努力工作，并非只是为自己的饭碗与薪水，他们有更高的要求。把工作简单地视为换取劳动报酬的想法是低级的、短视的，有望成就事业的人永远不会把眼睛停留在薪水上，与此相反，他们把工作当作一项事业来做。

所以，积极主动地工作是每一个优秀员工的共同特点，他们会用心做好每件事。

积极主动，用心做好每件事，这是一种人生态度，只有保持好这种态度，你才能够心如止水，平淡但坚定，才能够在忙碌的工作中保持正确的方向，时时刻刻、事事严格要求自己。只有保持好用心去做好每一件事的态度，你的生活才能渐渐地变好，你的工作才能一步步地迈向一个又一个高度。

在菏泽医疗卫生行业，不知道韦翠英的人不多。

她是个非常低调的人。面对一连串的荣誉——菏泽市 110 建设先进个人、全市“五一劳动奖状”获得者、全省职业道德先进个人、全市优秀共产党员、全市“十佳护士”、菏泽十大巾帼标兵等称号，她觉得这说明不了什么。她仍和原来一样，坚守在市立医院急救中心的岗位上。

1982 年，她被分配到菏泽地区人民医院，先后在传染科、皮肤科工作。1992 年，医院成立急救中心，她到了这里。这一干就是 18 年。

到急救中心不久遇到的一件事，让她至今难忘。

那是 1992 年除夕夜，她值夜班。刚接班，就来了一位消化道出血的女患者，三十几岁，大量的鲜血不停地吐，血压在迅速下降。止血药，没有作用；双气囊压迫止血，血止住了，可因失血过多，血压一直升不上来。医生通知输血科室，值班人员说，大过年的，找不到输血队员。韦翠英心如火焚，一口气跑到输血科，将 300ml 的 A 型血献给了那位病人，病人得救了。

第二天，她还没有下班，病人的丈夫领着 5 岁的孩子，“扑通”跪倒在她的面前感谢救命之恩。韦翠英被感动了：因为她的付出，5 岁的孩子没有失去母亲，丈夫没有失去妻子，白发苍苍的老母亲没有失去女儿。

18 年来，这一幕时时在她的眼前闪现，也时时激励着她前进。

18 年中，作为一名急救护士，一名院前急救的管理者，她深知技术水平要精于他人。别人不会的，她要会；别人会的，她要精。平时，她总是早上班，询问夜间工作情况，而每天又是晚下班，为各个岗位准备好急救用品。星期天、节假日总是带头上班，遇有大型抢救，不管是下班还是深夜，她总是第一时间赶到。

有一次，某学校数百人亚硝酸盐中毒，她接到通知第一时间赶到现场，组织人员，调配药品，维持秩序，补液，静脉推注，逐级上报，从10点一直忙到第二天凌晨2点多，终因体力不支，晕倒在现场。

2003年春天，SARS在中国大地上肆虐。

她每天随救护车往返于医院与火车站之间，最多一天接诊疑难病例21例，厚重而闷热的防护服，一穿就是二十几个小时。同时，她要及时向上级有关部门反馈信息，做好病人的安排、物资的请领、医疗废物的焚烧、工作环境及工作服的清毒、工作人员的调配及食宿、资料的上报等，有时连续工作48小时还不能下班。4月18日，她父亲两周年的祭日，她却没能回家，家人不理解，她心里充满了内疚和无奈……"非典"结束时，本来就不胖的她又轻了4公斤。

她急病人之所急，深知时间就是生命。有一次，她去牡丹区新兴村接一位脑干出血的病人，情况十分紧急。在急驰的急救车里，她双腿分站在担架两侧，正在为病人做辅助呼吸、胸外按压，突然一个急转弯，她被甩倒在车厢上，头部重重地磕在铁柜上，鲜血染红了洁白的隔离衣，她顾不上这些，继续抢救病人……

2004年，以韦翠英名字命名的120、110、122翠英联动小组在市立医院挂牌成立，她成为该院史上第一位以个人名字命名的人。

面对鲜花和荣誉，她很平静。她说："我从来没想过要得到什么，我只是尽最大努力去做好每一件事。"

积极主动，用心做好每件事，做每件事情都要用心，这是要求员工应该具有的职业道德。用心做与用手做不一样，只有用心做才能获得好的质量和效果，也才能不辜负客户和公司。

所以，在工作中我们必须严格要求自己，每一件事情都要用心去做，能做到最好，就不要允许自己只做到次好；能完成百分之百，就不能只完成百分之九十九。不论你的薪水和职位是高还是低，你都应该保持这样的工作作风。每个人都应当把自己看成是一个艺术家，而不是一个工匠，应该用心、用创作的态度去积极主动地对待每一件事。

6.

自动自发，把工作做得更完美

所谓自动自发，就是要充分发挥自己的主观能动性与责任心，在接受工作后应想尽一切办法把工作做好，而不是找借口推脱或掩藏责任。

自动自发是一种对待工作的态度，也是一种对待人生的态度，只有当自律与责任成为习惯时，成功才会接踵而至。绝大多数成功的创业者并没有任何人监督其工作，他们完全依靠自律工作。试想一下，如果对自己的工作都不能全身心投入，所谓“一屋不扫，何以扫天下”，开创自己的事业最后只能沦为一句空话。

自动自发也是对自己的一种责任。无所事事、懒散松懈的习惯已经使许多天赋很好的人步入平庸，这样的例子并不在少数。无论是历史还是现实之中，许多成功的人士并不一定天赋很高，而是勤奋使他们一步步走向成功与卓越，反观很多天赋很高的人却常常因为自己的放任与懒散而日趋平庸，甚至一事无成。

《高飞问丽莎》是美国迪斯尼公司出品的一部动画片中的歌谣，里面讲了这样一个故事：

高飞问丽莎：“我该怎么处理一个漏水的桶？”

丽莎答道：“那就补起来吧！”

高飞听了，立即又问：“那么我该用什么去补呢？”

丽莎感到无奈，对不爱动脑的高飞感到有点儿不快，说：“你就用稻草吧！”

这时，不识相的高飞继续说：“可是稻草太长了，要怎么补？”

就这样，丽莎只好不断地给高飞指示，但是高飞只要有一点儿疑惑就会提出来。最后，无奈的丽莎对高飞说："去提一点儿水来，弄湿一块石头，用这块石头来磨刀，然后再用磨好的刀去割断那些稻草。"

虽然丽莎已经表述得很清楚，但是高飞还问："我用什么来提水呢？"

丽莎建议高飞用水桶提水，然而此时高飞却说："但是，你知道的，我的水桶破了一个洞。"

就这样，高飞的问题又回到了原点。

故事中的高飞，正如现代企业中那些"按钮型"员工一样，对自己应该做的事情不多加思考。他们习惯性地"逢事便问"，不论是大事小事，都会习惯性地向上司请示。其实，这样的习惯只是在逃避责任，这固然能把问题推卸掉，但是，结果往往会像故事中的高飞一样，最后只会将问题推到自己的头上。

不能自动自发做事情的员工迟早会被社会淘汰。优秀人才总是为社会所需要。"适者生存"的法则并不是仅仅建立在残酷的优胜劣汰基础上，而是基于公平正义，是绝对公平原则的一部分。若非如此，美德如何发扬光大？社会又如何能取得进步？许多老板费尽心机地寻找能够胜任工作的人。这些老板所从事的业务并不需要出众的技巧，而是需要谨慎、朝气蓬勃与自动自发。他们雇用了一个又一个员工，而这些员工却因为粗心、懒惰、没有做好分内之事而频繁遭到解雇。但是那些员工们呢？他们因失业而在抱怨现行的法律、社会福利和命运对自己的不公。

自动自发的员工能够把工作做得更完美。对待工作是自动自发把工作做到完美，还是敷衍了事、浑水摸鱼，把工作做得一塌糊涂，这是事业成功者和失败者的分水岭。一个能够自动自发工作的员工必然是可以担当更大使命的员工，一个在企业中有巨大影响力的员工。

不论我们在做什么，我们都应该自动自发地去工作，并尽力把它做得完美一些。只要抱着这种态度，任何人都会成功。

吴荔是一家公司的秘书，她的工作就是整理、撰写、打印一些材料。吴荔的工作单调而乏味，很多人都这么认为。但吴荔觉得自己的工作很好，她说："检验工作的唯一标准就是你做得好不好，不是别的。"吴荔整天做着这些工作，做久了，发现公司的文件中存在着很多问题，甚至公司的一些经营运作方面也存在着问题。于是，吴荔除了做每天必做的工作之外，还细心地搜集一些资料，甚至是过期的资料，她把这些资料整理分类，然后进行分析，写出建议。为此，她还查询了有关经营方面的书籍。最后，她把打印好的分析结果和有关证明资料一并交给了老板。老板起初并没有在意，一次偶然的机会，老板读到了吴荔的这份建议。这让老板非常吃惊，这个年轻的秘书，居然有这样缜密的心思，而且她的分析井井有条，细致入微。后来，吴荔的建议中有很多条都被采纳了。

老板很欣慰，他觉得有这样的员工是他的骄傲。

当然，吴荔也被老板委以重任。

一个人能否自动自发地工作，关系着他能否把工作做到完美。一个人无论能力高低，只要能够自动自发地做好自己的事情，能够认真负责地做好自己的本职工作，就是企业需要的人才。

因此，我们必须树立一种正确的、积极的工作观，以积极、认真、负责的态度去对待自己的工作。你的工作态度折射着你的人生态度，而人生态度又决定你一生的工作成就。

第三章　安心就要专心,全神贯注心无旁骛

专心工作是一个员工纵横职场的良好品格。一个人如果不能安下心,专注于自己的工作,是很难把工作做好的。在当今时代,没有哪家企业、哪个老板会喜欢做事三心二意、三天打鱼两天晒网的员工。从这种意义上说,工作全神贯注心无旁骛的人,就是能把握成功机遇的人,只有一心一意做事的人,才能受到老板的器重与提拔。

1. 成功只属于专心工作的人

专心,是倾心贯注,是倾力投入,投入你的思想感情,投入你的智慧能力,投入你的身体行动。一贵尽,尽心尽情尽力,倾其全部,顾全职责,不遗余力,孜孜以求,总那么一条心一股劲地工作。二贵专,专心致志,全神贯注,没有三心二意,没有这山望着那山高,一门心思、一个念头守本分、干本职,名利官职不计较。三贵决,有坚决干好的决心,对肩负的工作,不皱眉头,不挑肥拣瘦,不丢三落四,总是满怀信心、满怀激情,急难险重敢担当,点点滴滴不怕烦,既做那些让人看得见摸得着的事,更做那些"费劲不落响"的幕后工作,将决心变为持久的动力,持续的激情。心之所到,金石为开,平凡变非凡,腐朽化神奇。

有人说,当今社会浮躁之风盛行,能够专心于本职工作的人越来越少了。刚毕业找工作的职场新人李晨说:"现在的公司太浮躁了,不专心培养自己的员工,聘人就要有工作经历的。既不愿意出钱培训员工,又都想

招好员工，哪有这样的好事!”接到一份辞职报告的老板管强说:“现在的年轻人太不专心了，到公司没两年，翅膀硬了就跳槽到薪资待遇更好的单位了，难怪大家都不愿用新人!”看来，员工总是在寻找更好、更能体现自我价值的工作，而企业总是在寻找最专心、最有能力的员工。

美国科技专栏作家麦克·埃尔甘说:“仅强调勤奋的工作观已经落伍了，现在是专心工作的时代!”这话说得真好，我们面对社会主义事业，就应该专心、用心。

专心工作是一个过程，筹谋、实施、检验、达标，都要专心，不专心就可能功败垂成;干着这一步，想着下一步，就要专心，不专心就可能南辕北辙。专心，就是要把动机和效果统一起来，把目标愿望和工作的方式方法统一起来，把原则领导和具体指导结合起来，前后左右、现实未来，想深想透，抓紧夯实，用心缜密，用心不辍，继往开来，才有好效果。心之所专，不是一点一面，而是全程全局，不是一下子一阵子，而是到家到底，这才是专心的真谛。

成功只属于专心工作的人。同一个岗位，有人闪闪发光，有人碌碌无为;同一种工作，有的有声有色，有的黯然无色……差距便是专心境界的差距。有一些人做事情、干工作，总要选择所谓合适的时机、合适的场合、合适的地点，对自己有利的事总抢着干，领导喜欢的事总争着干，不是为了解决问题，不是为了促进发展，而是纯粹为了做给别人看，纯粹为了一己私利，这种别有用心蒙得一时，却经不住考验。所以，专心专的是“正”心、“真”心，不能用假心、歪心;要用尽心机，不要工于心计;要用在大处，不要用小心眼;要用在远处，不要鼠目寸光。唯其如此，才能审时度势，把工作做好。

钱萍在一家公司做文秘，早上来到办公室，经理就让她写一篇发言稿。凭以往的经验，一个小时就能写好。她打开电脑，然后习惯性地去冲茶，结果发现水壶是空的，只好先去打水，回来把茶水泡上，刚写了一句，同办公室的小赵来了，钱萍边喝茶边与她聊了十几分钟。

小赵走后，钱萍开始写作，没多大会儿，同办公室的小李拿着报纸嚷道:“大家快来看啊，有重大新闻……”钱萍也忍不住凑过去看了一会儿。接着，她的一个老朋友打电话约她周末去逛街，两人用了半个多小时在电话里讨论去哪里。挂了电话后，钱萍想好久没与另外一个朋友联系了，何不叫她一起去，就又打电话给另外的朋友……等到她去写发言稿的时候，一看表已经11点多了，吃饭的时间到了。

就这样，一个小时的工作，一个上午过去了，还没开工。

一个人的时间、精力毕竟是有限的，如果不专心，做一件事的时候总是惦记着另外一件事，结果很可能是哪件事都做不好；只有当全神贯注于某件事时，才能把事情做到位。

我们常常用“三天打鱼，两天晒网”来比喻那些不专心的人，而无数事实证明，不专心的人终将一无所成。

有一个下棋名手，叫弈秋。他收了两个学生，一个学生听讲非常仔细认真，专心致志地听弈秋的讲解和分析；而另一个学生一会儿看看窗外的田野和树林，一会儿又听天上的雁鸣，很不专心。

弈秋讲完后，让两个学生对下一局。起先，那个三心二意的开小差的学生凭着以前的基础还能勉强应付，可渐渐地就显出差距来。再后来，那个三心二意的学生就只有招架之功而无还手之力了。

结果，虽然两个学生同是一个名师传授，但是他们的成就却大不相同：专心听讲的那个学生进步很快，后来成了棋艺高强的名手，而那个三心二意的学生却没学到一点儿本事。

人们都希望自己的一生有所成就，而专心就是学有所成的必要条件，是职场成功的捷径。

一个人对工作专心，就能面对机遇、敢于争先，面对竞争、敢于创新，面对困难、百折不挠。一个人对工作专心，就能淡泊名利、忘我工作，把奉献视为崇高的精神追求，在平凡的工作岗位上创造出不平凡的事业。人常说，心有多大，舞台就有多大。让我们放弃一切朝三暮四、左顾右盼、心猿意马，每一天都专心去做每一件事，那么，成功一定时时相随。

2. 专心致志，一丝不苟

“专心致志，一丝不苟”是个需要养成的工作好习惯，有了这种习惯，意味着你具有了职场中最可靠的硬实力。具备了这种习惯，即便是枯燥的小事，你也能从中感受到价值和乐趣。你会发现，在你完成使命的同时，成功之花正在萌发。

无论多么简单的工作，只要你专心致志、一丝不苟地去做，你就能变成拥有巨大能力的人。一旦把这种认真变成习惯，即使能力平平的人，也会焕发出令所有人感到敬畏的力量。

专心致志、一丝不苟，无疑是一种伟大的力量。世界上任何伟大的成就，无一不是靠专心认真的工作换来的。“专心致志，一丝不苟”，就是人生的“发动机”，能激发起每个人身上蕴藏的无限潜能。传说古代西方有这样一位哲人，每当他听到人们夸奖某个年轻人天赋过人、前途远大时，他总会追问一句：“这个小伙子工作专心吗？他是否认真？他是否很负责地对待自己的人生？”的确，在那位哲人的眼中，一个专心致志、一丝不苟地工作的青年，才是真正值得赞许的。当然，也只有碰上这样的青年，人们才应当对他的未来做些美好的预期。而那些不管有多大的才华却不认真的青年，总是无一例外地重复着那种无所建树、遗憾一生的生活。

在企业中，许多员工都不能专心认真地工作，做事马虎轻率，只求差不多。从表面上看，或许他们非常努力，也很敬业，但结果总无法令人满意。

许多需要众多人手的企业经营者说：“最感头疼的便是员工无法或不愿意专心去做一件事。马虎轻率，漠不关心，三心二意的做事态度似乎已经变成习惯，除非威逼利诱，否则，这些人很难会一丝不苟地把事情做好。”

乌鲁木齐市粮食局的一家下属挂面厂曾花巨资从日本一家厂商引进一条挂面生产线，作为附带合同，随后又花18万元从日本购置1000卷重10吨的塑料包装袋。而塑料包装袋的袋面图案由挂面厂请人设计，当样品设计好后，经挂面厂与新疆维吾尔自治区经贸机械进出口公司的人员审查，交付日方印刷。几个月后当这批塑料袋漂洋过海运抵乌鲁木齐时，细心的人们发现有点儿不对劲，仔细一看，当时全傻了眼，原来每个塑料袋的袋面图案上的“乌”字全都多了一点，变成了“鸟”字，乌鲁木齐变成了“鸟鲁木齐”！后来经过多方调查，发现原来是挂面厂的设计人员一时马虎，把设计样本打印错了，而进出口公司的人员检查时也一时大意没有发现。也就是这一点之差使价值18万元的塑料袋变成了一堆废品，给公司带来了严重的损失，相关人都受到了严厉的处分。试想，如果设计人员细心一点儿，谨慎一点儿，进出口公司的审查人员再认真一点儿，多检查一次，又怎么会让这18万元付之东流呢？

有这样一句谚语：我们可以躲开一头大象，却躲不开一只苍蝇。

对于马虎的下属，有哪个上司敢提拔他呢？因为这种人一旦成为领导，其恶习也必定会传染给下属——在组织中，上行下效是非常快捷的。上司的马虎轻率一旦渗透到各下属的灵魂里，每个员工都放松对自己的要求，整个公司的发展必然受到影响。

在许多员工眼里，有些事情简直微不足道，但积少成多，积小成大，而且，那些不值一提的小事很可能影响他们在老板心目中的形象，影响他们的晋升。在纽约的一家纺织公司的墙上有这么一句格言：在此一切都求尽善尽美。

很显然，如果每名耕耘者都恪守这一警句，会有很多祸患可以避免。要想一切都追求尽善尽美，一方面要专心认真地对待琐碎工作，另一方面就是要持之以恒，坚持不懈。

当然，许多小事也确实易于被人疏忽，这就需要我们平时的努力。只有当我们在意识中对它们有充分的警戒心，就能够注意并克服掉马虎粗心的恶习。时刻对马虎保持高度的警惕心，并养成专心认真的工作态度，时间长了就会形成专心认真的工作作风进而形成良好的习惯，培养优秀素质，而“习惯常常决定一个人的成败”。有的员工可能会说：“我生性就是粗枝大叶，大大咧咧，马虎粗心是天性所致，我也不想这样，可是我很难做到专心认真，怎么办呀？”其实完全不必担心，世上没有十全十美的人，即使是那些功成名就的伟人，他们一开始也是有这样那样的缺陷的，有了缺陷不可怕，只要改掉就行，而且他们也都是这样做的，最终成就了自己的一番事业。

因此，不管之前你对待工作是多么的不专心、多么的不认真，但是，只要你是追求成功、拥有远大理想的人，只要你下定决心，相信自己，那么，就从现在开始克服掉自己粗心马虎的坏毛病吧。

3.

心无旁骛，只专心做一件事

楚国有位钓鱼高手名叫詹何，他钓鱼的工具与众不同：钓鱼线只是一根单股的蚕丝绳，钓鱼钩是用如芒的细针弯曲而成，而钓鱼竿则是楚地出产的一种细竹。凭着这一套钓具，再用破成两半的小米粒作钓饵，用不了多少时间，詹何从湍急的百丈深渊之中钓出的鱼便能装满一大桶！回头再去看他的钓具：钓鱼线没有断，钓鱼钩也没有直，甚至连钓竿也没有弯！

楚王听说詹何竟有如此高超的钓技，十分称奇，便派人将他召进宫来，询问其垂钓的诀窍。詹何答道：“我听已经去世的父亲说过，楚国过去有个射鸟能手，名叫蒲且子，他只需用拉力很小的弱弓，将系有细绳的箭矢顺着风势射出去，一箭就能射中两只正在高空翱翔的黄鹂。父亲说，这是由于他用心专一、用力均匀的结果。于是，我学着用他的这个办法来钓鱼，花了整整五年的时间，终于完全精通了这门技术。每当我来河边持竿钓鱼时，总是全身心地只关注钓鱼这一件事，其他什么都不想，心无旁骛，排除杂念；在抛出钓鱼线、沉下钓鱼钩时，做到手上的用力不轻不重，丝毫不受外界环境的干扰。这样，鱼儿见到鱼钩上的钓饵，便以为是水中的沉渣和泡沫，于是毫不犹豫地吞食下去。因此，我在钓鱼时就能做到以弱制强、以轻取重了。”

其实，我们无论做什么事情，都需要心无旁骛。只有专心做一件事情，才能做到事半功倍，取得显著的成效。心无旁骛，只专心做一件事，才能发挥人最大的潜力，如果为外界所侵扰，三心二意，终究会使自己无功而返。

《成功杂志》庆祝创刊100周年时，编辑们节录了一些早期杂志中的优秀文章，其中最令人印象深刻的是一篇摘录文章。作者西奥多·瑞瑟在爱迪生的实验室外面扎营三个礼拜之后，才访问到这位著名的发明家。以下就是访谈的部分内容：

瑞瑟：“成功的第一要素是什么？”

爱迪生：“能够将你身体与心智的能量锲而不舍地运用在同一个问题上而不会厌倦的能力……你整天都在做事，不是吗？每个人都是。假如你早上7点起床，晚上11点睡觉，你做事就做了整整16个小时。对大多数人而言，他们肯定是一直在做一些事，唯一的问题是，他们做很多很多事，而我只做一件。假如他们将这些时间运用在一个方向、一个目的上，他们就会成功。”

心无旁骛，只专心做一件事，全身心地投入并积极地希望它成功，这样你在心理上就不会感到精疲力竭。不要让你的思维转到别的事情、别的需要或别的想法上去。专心于你已经决定去做的那个重要项目，放弃其他所有的事。

把你需要做的事想象成是一大排抽屉中的一个小抽屉。你的工作只是一次拉开一个抽屉，令人满意地完成抽屉内的工作，然后将抽屉推回去。不要总想着所有的抽屉，而只将精力集中于你已经打开的那个抽屉。

一旦你把一个抽屉推回去了，就别再去想它。

事实上，许多成功人士的事迹也都告诉我们，凡事专注必定会达到成功。不仅如此，它还能使本来很枯燥的工作变得快乐起来。反之，精力过于分散，哪怕最简单最熟悉的事情都做不好，更别说掌握它、精通它了。

当年，棋王林海峰到日本参加围棋比赛，由于心浮气躁，总是无法专心下棋，于是便请教围棋专家吴清源老先生。吴老先生赠送了一句非常简单的话："不搏二兔。"

一次抓一只兔子都要花费不少精力，更不要说把目标放在一次抓两只兔子上了。若一次搏二兔，不但无法专心，还很可能两只兔子都跑掉呢。

大多数人在做一件事时，大脑里都会想着另一件事。我们不会完全地集中于此时此刻所发生的事上。我们的头脑每时每刻都在进行着交谈以及拥有各种各样的意识流。此刻你的头脑里正在进行着什么样的交谈呢？你把多少注意力集中于这本书上？你的思维是否已游离至别处？

如果你的思维不可控制地会转移到那些令人分散注意力或使人苦恼的事上（过去已发生，现在有可能会发生或将来会发生的事），那就说明你并没有把你的注意力集中于你手头上的工作，你的大脑在想一些其他的事。那些令人分散注意力、产生压力的想法（害怕、担心、消极的想法）会使你难以集中注意力，从而产生错位的观念，作出错误的决定，无法做好工作。

宋代著名女词人李清照曾说，"专则精，精则无所不妙"，讲的也是这个道理。专心可以令精力集中于一点，这样才能把学问和事业做得广阔而又精深。只有全身心地投入到一项事业或工作中，才能够激发起自己的兴趣和能力，取得好的成果。那些经常被外界干扰的人，一是说明他不能专心工作，二是缺乏敬业精神。要知道，敬业也是专注的一种。唯有兢兢业业、全心全意做事的人，才能不被周围的小事羁绊住，不做"无用功"，才有可能"毕其功于一役"，取得学识上的精进和突破。

心无旁骛，只专心做一件事是一个员工纵横职场的良好品格。一个人如果不能静下心，专注于自己的工作，是很难把工作做好的。在当今时代，没有哪家企业、哪个老板会喜欢做事三心二意、三天打鱼两天晒网的员工。从这种意义上说，工作心无旁骛的人，就是能把握成功机遇的人，只有一心一意做事的人，才能受到老板的器重与提拔。

4. 专注方能从平凡到优秀

在工作上，要想在激烈的竞争中占有一席之地，首先要有一些自己有而别人没有的强项。在21世纪激烈的竞争中，我们无处退缩。个人之间、企业之间、国家之间的竞争已经跨越国界，胜利者与失败者的区分变得更为清晰，唯有专业技能优秀的员工才能在全球化经济社会中站稳脚跟。

一个毫无能力的人很难在职场中受到重视，同样朝三暮四、朝秦暮楚的“墙头草”更无法立足于职场。专注才能做到优秀。专注考验的是人的耐性，它需要不断地坚持，坚持就是一种强大的力量。一个坚忍不拔、意志坚定的人是最值得人们信任的。不管他做什么事情，人们都相信他一定能坚持下去，并最终取得成功。因为每一个认识他的人都知道，他一定会善始善终，绝不半途而废。

小到员工，大到公司，专注都同样重要。一个公司要在竞争中取胜，同样要重视专注的重要性。实行专注战略非常重要，而专注战略的实行首先要求主管们要有专注精神。这种专注精神并不只是老板应具有的品质，也是每一个员工应该具备的精神。

提起江苏常州黑牡丹（集团）有限股份公司的邓建军，纺织行业的人都知道，他有不少绝活，不论是国产的还是进口的设备，他都能捣鼓，哪怕是老外为了技术保密而不给图纸的专用设备电路板，也不在话下。邓建军是黑牡丹的高级技工，是21世纪全国首批七个“能工巧匠”之一，是全国职工职业道德建设“十佳标兵”，曾两次受到胡锦涛总书记的接见。

邓建军参加工作时只有中专文化，作为普普通通的一线工人，放在哪里也不显眼。是什么让邓建军在一个普普通通的岗位上，获得如此多的荣誉呢？这得益于他在平凡的岗位上做出了令人刮目相看的成绩。正因为岗位平凡，正因为困难重重，恰恰激发了邓建军不甘人后、为国争光的志气，激发了争当知识型员工的决心。这种志气和决心，催生了邓建军不断学习新知识、钻研新技术的持久动力，使他成长为专家型的蓝领精英，也帮助企业成为世界色织行业的领跑者。

邓建军刚参加工作的那几年是中国纺织企业告别传统“金梭银梭”的年代，国内企业特别缺少机电一体化的技术工人。黑牡丹公司第一次引进国外纺纱设备时，外籍技师来厂安装调试，当邓建军遇到问题，向老外索要操作手册，对方竟不屑一顾，连说几个“NO”！洋技师轻蔑的眼神刺痛了年轻的邓建军。从此，邓建军憋足了一股劲，特别注意跟踪国际纺织机械的最新技术，从中获取各种技术信息。凭着自己的努力，邓建军最终成长为新时代的技术工人。

有一次，黑牡丹公司有一批进口剑杆织机亟须改造，邓建军兴冲冲地接下了任务，但现场看过以后，心底不禁冒出一股凉气。几十台机器的各种电器线路如一团乱麻，图纸不知去向。一块线路板有2000多个点需要一一测试、分析、测算，要想改造这些进口货，任务十分艰巨。他一咬牙，从最基本的制图工作开始做起，每天蹲在机器边14个小时以上。经过他的一番努力，这些机器终于改造好了，为企业节省了大笔的资金。

在工作中，邓建军一直努力为企业创造效益，把为企业创造效益当作自己义不容辞的责任。2002年8月，新产品“竹节牛仔布”在黑牡丹公司遇到生产告急，如不能按期交货，公司不仅会丢掉400万美元的订单加付违约金，还要将市场拱手于人。邓建军带着科研小组连续奋战15个昼夜，自行设计安装了4台分经机，成本仅为进口设备的1/8，保证了公司按时交货。客户满意之余，又续签了数百万美元的新订单。

10多年间，邓建军共解决了重大技术难题23个，参与技改项目400多个，独立完成的项目达138个。当今世界纺织行业公认的可用于色织行业的18项最新技术，黑牡丹公司已成功运用15项，远远高于国内外同行。

专注是做好工作、成就事业的基础，三心二意是不能获得大的成就的。歌德曾经说过：你适合站在哪里，你就应该去哪里，这是给那些三心二意的人最好的忠告。如果能把全部的精力都用到一件事情上去，而不是蜻蜓点水似的东学一点，西做一点，那么，你终会在一个地方收获成功。

有人说一生只做一件事，实在是件颇有难度的事。人的一生难免要做许多不同的事情，因为很多事在尚未开始的时候，你并不知道自己是否适合。就像一个刚毕业的大学生找工作一样，对于刚开始的第一份工作，他并不清楚是否就适合自己去做一辈子，这个时候，如果要求他以后的一生只专注于这份工作，这显然是不太现实的，也是不合理的。但是，只要你刻意去朝着这个方向努力，你就有可能成为一个专注的人，也是你用心工作的开始。

5. 15个专心投入工作的方法

有时候是不是觉得一天下来很忙，可仔细想想，似乎又没有做什么事情。这里的15个方法总有一个适合你。明天就开始专心投入工作吧！

(1)总是发现你所做的鼓舞人心的有趣的事情

任何有意义的任务或常规任务都需要一个人很多的注意力。在开始做任何事之前,问问自己为什么应该做这件事。有了答案,就会有你如此渴望的产出——那么,你就会重视这项任务。然后,想办法让这项任务变得有趣,比如让你的创造力和想象力在此过程中玩耍。不要拘泥于"认可"的产出;让自己可以随意选择一些新奇有趣的想法。

当你做一些可以称为是自己的东西的时候,就更有可能专心工作。

(2)选择舒适的桌椅组合

很多人发现,即使多数时间坐着办公,可还是会觉得腰酸背痛。

不要因为桌椅不舒适而浪费宝贵的时间,分散精力。买一张靠背很舒服的好椅子。确保你的办公桌或者工作台结构合理。那样的话,你能工作好几个小时,而身体和眼睛却不觉得疲劳。

(3)让你的工作环境变得井井有条

胳膊够得到的东西太多,或者办公桌上放的东西太多,都会让你分神。为了专心工作,只把你需要的东西整齐地堆放在你的桌子上——把其余的收好,比如放在抽屉或者架子上。找一个地方放吃的和喝的,你的包,还有其他的个人物品。

但是,把它们都放在你够得到的地方,这样你就可以喝点东西,又可以专注做手头的工作。

(4)让你的电脑里没有让你分神的东西

这一点对于使用电脑工作的人很重要:为所有经常用到的程序设定快捷方式。

把所有的关于某一项项目或任务的文件置于一个文件夹。然后,确保你的电脑没有病毒。这样你可以免受检查和修理的烦恼。这样的事例给人压力,会减弱你完成工作任务的兴趣。

(5)身边有足够的水

喝水不仅是为了健康,也让你神清气爽。一旦你觉得累了或饿了,一杯水就可以把它们赶跑。接着,你就可以完成手头的工作,晚些时候休息。此外,并非所有的肚子咕咕叫都代表饥饿,通常喝一杯水就可以解决。

确保水就在你胳膊够得到的地方。那样,你就可以专心工作,不用走到打水的地方——被别的事情分神!

(6)带点零食

就像把水放在身旁，让咕噜作响的胃安静的食物必须放在手边。出于同样的原因——把你90%的注意力投入工作，在你的工作区域之内吃东西能避免让你做不相关的事情。因此，确保你的零食也在胳膊可以够得到的范围之内！

(7)列出每天要做的事情并放在身旁

列出每天要做的事情并放在电脑旁（或者工作区域任何显眼的地方）。这一点很有用。如果把工作的清单放在电脑或者手机上，你往往会查阅其他无关紧要的选项卡或者视窗，或者回复不重要的短信。

所以，把你的“今日必做”清单放在你总是能够看到的地方，画掉“已完成”的任务。那样的话，你就不用把包翻个底朝天，也不用找来找去找你写必做事项的那一页。

(8)根据轻重缓急把任务分类

工作的第一个小时是人们效率最高的时候。这是因为所有的精力还有待消耗。所以把所有费力棘手，又富于挑战性的任务放在日程表的第一个小时里。排在这后面的是不太紧急的工作，最后是那些让你倍感无聊的常规性任务。

这样的方法让你能够专注于工作，不浪费宝贵的时间做自己不喜欢的任务。这样做，你就不会在工作日结束的时候感到很有压力了。

(9)让别人知道你的原则

如果你决心让自己的工作方式发挥作用，那么让他们知道这一点。很可能的情况是，你可以不受打扰地花几个小时专注于那一项真正重大的工作。当同事知道你在休息时段，会在此期间提问题或者和你交谈。除非有特别紧急的事情，否则他们不会打扰你工作的。

毕竟，他们希望别人也这样待自己。

(10)戴上耳机

大多数的办公室都有各种各样的声音源让人分神——比如，地板打蜡器，邮车，同事说话，电话铃声，东西掉在地上的声音。戴上耳机保护自己，这样你就可以专心工作。耳机可以避免你听到一些让人惊讶的声音——还有那些让你思绪飘开去的声音。

(11)让别人找不到你，让自己忙碌、离开或者“隐身”

并非所有的电话都是关于你的公寓被盗了，或者心爱的人处于极其危险的境地了。所以,在需要全神贯注工作的时候,把你的手机置于静音模式,你也可以选择激活语音信箱服务。

至于即时短信,工作的时候把状态设为"忙碌"或者"隐身"。如果你还是收到即时聊天短信,那就关掉那个程序。等晚些时候,你手头的工作不那么紧迫了再打开。

(12)远离社交网站

这些网站不需要时刻查看。所以严格要求自己,有几分钟空闲时间的时候,再登录。

大多数的社交网站上总是有一些新奇活泼有趣的信息,所以你非常可能比原计划超时很多。这样做不但击毁了你专心工作的目标,而且还有大量信息让你产生不必要的烦躁——比如一个朋友说自己生病了,或者某个人涨工资了。

(13)整理你的邮件

另外一个让人紧张、令人分神的就是电子邮件。面对现实吧你有很多电子邮件,很可能有私人信件、工作信件、预告片、网站的更新,毋庸置疑,还有垃圾邮件,它们都混杂在一起。

避免这点的一个好办法就是有一个电子邮件地址专门用于工作,一个电子邮件地址专门用于私人信件,并设定过滤所有的电子邮件。一旦你有闲暇时间,再次查看电子邮件,取消你不需要的订阅。然后,整理你以后会关注的电子邮件,剩下的都删除。

最后,只有在完成当天最重要的工作之后才查阅邮件。一定要控制浏览邮件的时间。

(14)重新规划你的电话使用

电话是用来聊重要事务的,聊前一晚的约会可以在午饭休息的时候进行。遵守这个原则有助于让你专注工作。你也可以要求同事告诉打电话的人你晚些时候会回电,而不是让你的同事随时拍你的背或者大声喊有你的电话。一旦完成工作,给先前打电话的人回电话,简单地解释你的状况。接下来的两分钟,询问他们有什么事情,记下来,告诉他们事情办好,你会再打电话给他们。准备并写下他们需要的细节,牢记他们对于这件事接下来可能会有的想法。然后,给他们打电话,一定把谈话控制在三分钟之内。

(15)选择合适的音乐

工作的时候听音乐让你感到放松，给你提供灵感。对于一些人来说，听音乐让他们体内产生更多的肾上激素，这样他们能够更加精力充沛地工作。

然而，并非所有类型的音乐都让人心旷神怡——某些音乐不适合一个人的心境。因此把你的音乐库根据心境相应地整理。除了帮助你专注工作的音乐，不能有其他让你分神的东西。听过一些让人放松的爵士乐，突然听到吵闹的重金属尖叫声会让你觉得异常刺耳。

第四章　安心就要细心，严谨认真见微知著

机遇就在细节中。如果你能安下心来，细心工作，对待事情严谨认真、见微知著，你就能敏锐地发现别人没有注意到的细节，找准机会，以小事为突破口，让细节闪耀出光芒，从而获得飞跃的机会。

1. 注重细节，追求完美

艺术家总是对自己的作品精益求精，如果每个员工都能用艺术创作的态度来开展工作，把自己所做的工作看成是创作艺术品的过程，精雕细刻，那么一定能创作出令自己骄傲的作品。

任何巨大的工程都是一点一滴的细小工作所积累而成的，而任何一点疏忽或者闪失都可能使得整个工程功亏一篑。看似简单枯燥的工作却关乎着整个大工程的成败。因为任何工作中，只要一个环节出了问题就会使全局受到不同程度的影响甚至是失败。

2003年2月，美国哥伦比亚号航天飞机在结束了为期16天的太空任务之后，返回地球，但在着陆前发生意外，航天飞机解体坠毁，7名宇航员殉难。

美国国家宇航局航天飞机项目负责人朗·迪特摩尔分析道：航天飞机的表面覆盖有2万块隔热瓦和2300块隔热衬垫。由于隔热瓦的技术要求相当精确的工艺，所以都必须由工人手工一块一块安装上去；哥伦比亚在和地面失去联系之前的几秒钟向左翼倾斜，这种现象表明可能与一到多块隔热瓦的脱落有关。

很多事故的原因只是一些小小的细节，假若每一个细节都保证精确，那么很多不幸就不会发生。美国质量管理专家菲利普说："一个由数以百万计的个人行为所构成的公司，经不起其中百分之一甚至是千分之一的行为偏离正轨。"很多公司之所以久经沙场而不衰，这和他们注重工作中的每一个细节也有很大的关系。

在工作中，任何一个细节都关乎着事件的成败，牵一发而动全身，任何一件小事都有其特定的意义和影响，假如你在为自己从事的工作琐碎和细小而烦恼，请停止吧！关注细节，认真做好每一件小事，是一个积累的过程。每个人都做好了每一件小事，那么再巨大的工程也能成功。

很多事看似很简单、很平庸，但有人就能在这些小事上做文章，能在小事中发现机会和规律，这是一种技能。

其实，基层的工作最锻炼人，想要一步登天，不愿意从基层一步步做起，这种想法不切实际而且愚蠢。只有做好了细节才能成就巨大的事业，金字塔就是最好的例子，砌好一块石头是小事，但是每一块石头都砌好才能铸造永久的辉煌。

有的人认为工作太简单，都是具体的小事，简直就是大材小用。但是，他们不知道每一件小事中的细节都可以锻炼工作能力和态度。很多人在刚开始接手工作的时候，都抱着很多幻想，这种幻想促使他们认真、努力，但随着时间的推移，他们发现原来自己所从事的工作都是一些简单的小事时，他们开始抱怨和不重视，认为以自己的才能应该去做更为重要的事情。

而注重细节成就非凡的人物也大有人在，例如，牛顿注意到苹果由树上掉下来这一细节，提出了万有引力定律；弗莱明深入思考葡萄糖菌被污染这一细节，发明了青霉素；阿基米德从洗澡水溢出澡盆这一细节获得灵感，发现了浮力定律；沃尔玛公司坚持抓好"降低成本，为顾客省钱"的细节，发展为世界零售业巨子；丰田汽车公司把精细化的生产管理落实到细节之中，创造了辉煌的业绩；海尔公司始终坚持"精细化、零缺陷"的经营理念，使一个亏损企业发展成为世界家电巨头等，诸如这样的例子真是不胜枚举。我们不仅要看到这些人物和企业所拥有的光环和辉煌，更应该从他们的成功中吸取有益于自己发展的东西——那就是注重细节，追求完美。

提起汰渍洗衣粉可谓妇孺皆知，而且大家对其产品的口碑也相当不错，不仅去污力强而且味道清香。但是宝洁公司当年推出汰渍洗衣粉，也出现过问题。

当宝洁公司刚开始推出汰渍洗衣粉时，市场占有率和销售额以惊人的速度向上飙升。但是，没过多久，这种强劲的增长势头就逐渐降下来了。宝洁公司的销售人员对此感到特别不解，虽然他们进行过大量的市场调查，但一直都找不到销量停滞不前的原因。

于是，宝洁公司召开了一次产品座谈会。在会上，有一位员工说出了汰渍洗衣粉销量下滑的关键："汰渍洗衣粉的用量太大。"

宝洁公司的领导们急忙追问其中的缘由，这位员工说："看着我们的广告，倒洗衣粉要倒那么长时间，衣服是洗得干净，但要用那么多洗衣粉，算计起来不划算。"

听到这位员工的这番话，销售经理立即把广告经理找来，算了一下展示产品部分中倒洗衣粉的时间，一共 3 秒钟，而其他品牌的洗衣粉广告中倒洗衣粉的时间仅仅为 1.5 秒。

就是这 1.5 秒的细微差别，导致了公司产品滞销的状况和不良的产品形象。可见，在这个注重细节的时代，任何一个细微的细节都会引起消费者的关注，都会导致严重的后果，所以细节是多么的重要。

麦当劳的创始人克洛克说："我强调细节的重要性。如果你想经营出色，就必须使每一项最基本的工作都尽善尽美。"

一个成功者与一个失败者的区别，往往就是做事细节上的差别。因为没有几个人愿意去做那些微不足道的小事，一心只想着成就大事，往往到最后是一场空，这就是为什么成功的人远远要少于那些没有成功的人。一个人做大事不拘小节，固然是一种积极的处世态度，但是正因为有这样想法造成误大事的事例也屡见不鲜。无论是在工作还是生活中，做事认真仔细，才能把事做得尽善尽美。

那些看不到细节、不注重细节、不把细节当回事的人,他们一定对工作缺乏认真的态度,对工作敷衍了事。这种人没有把工作当作一种乐趣,而只是当作一种不得不做的苦役,因而在工作中缺乏热情。他们永远只能做别人分配给他们做的工作,即便这样也不能把事情做好。而考虑到细节、注重细节的人,不仅认真对待工作,将小事做细,而且注重在细节中寻找机会,从而使自己走上成功之路。

因此,我们必须从小处着手,于细微处切入,着眼全局,注重细节,追求完美。

2. 不要忽视每一个细节

荀子说:不积跬步,无以至千里;不积小流,无以成江海。对于事业的发展,很多人都能有一个基本的规划,而很多抱怨者之所以多年来一事无成,与执行力的强弱有密不可分的关系。同样对于一个计划、一个规划,有的人能够按部就班地完成,有的人工作很久却还在原地踏步,这是因为不同的人的执行力不同。执行力从何而来?应该说,是否具备对细节的把握,对每一个细节的重视,是执行力的最具体体现。

如果你环顾周围,会发现许多被老板看重的人之所以受到重视,因为他们不但大事注意,对于细节也非常用心。因此,如果你想高效率地获得成功,如果你想让别人看重你,如果你想成为卓越的人,那么从这一刻开始就应该摒弃对细节的无所谓态度。

一个公司的大小,不仅体现在规模上,更是体现在细节上。一家不规范的公司,常表现出对细节缺乏规定,全凭个人素质。个人素质好,工作就周到,个人素质差,工作就有问题。一些没有对细节进行规范的企业,常因为个别工作人员的不顾形象、缺少诚信,导致公司的信誉遭受损害。而没有这方面经验的人,并不能直接看出这一点,所以很多关键性的细节就混同在可有可无的琐碎环节中,被人们忽视了。

细节琐碎,所以有些人将细节看成浪费时间和精力的无用事情。然而，貌似烦琐的细节，其实有时候恰恰是成功的必要环节。譬如销售中的礼貌用语，一个简单的“您好”，在许多人看来很烦琐，然而，这句问候语是可有可无的吗？

一位管理学大师说过，现在的竞争，就是细节的竞争。细节影响品质，细节体现品位，细节显示差异，细节决定成败。在这个讲求精细化的时代，细节往往能反映你的专业水准，突出你的内在素质。灿烂星河是因无数星星汇聚，伟业丰功也是由琐事小事积累，让我们不吝从小事做起，把小事做精，把细节做亮！

外贸专业的毕业生王明辉与几个同学一起到一家大型的知名贸易公司实习。实习结束后，总经理却只把王明辉留了下来。经理为什么唯独把他留下来呢？原来，王明辉的几个特别的细节之处打动了经理的心。

正式实习的那一天，经理向同学们介绍部门的成员和同学们的分工。其中老陈是公司的老业务员，年龄偏大。其他同学都跟着员工喊他“老陈”，而王明辉一直很尊敬地称他“陈老师”。还有王明辉不像其他同学那样无所事事，他主动做事，跟着同事跑银行、跑海关，即使在大热天乘公共汽车去也毫无怨言。他说：“我多跑一个地方，哪怕只是一个简单的交接单的过程，也会让我熟悉这个工作的环节。出了差错，请示老师后，现场改正也是一种学习的机会。”

有好几次，老陈接国际长途，王明辉就默默地坐在一边“旁听”，细心地揣摩他如何同外商交谈。有时则悄悄地给老陈递一支笔，或续上水，或记录一些数据。这些细小之处，既给老陈带来了工作上的便利，也表现出新人对“前辈”的尊重，经理看在眼里，对他产生了好感。

王明辉刚一毕业，经理就委托公司人事部为他办好了手续，从而使他顺利地完成了实习—毕业—求职的“三级跳”。

由此可见，正是因为我们在细节上的疏忽，才导致了我们在职场、人际关系上的不畅，甚至出现与你为敌的人。不要埋怨“为什么别人总是找我麻烦”,先看一看你是不是也找过别人麻烦。也许,仅仅是无意的一言一行、一举一动,你没注意到、没上心,但是别人却放在了心上。

工作中,细节存在于方方面面。细节是一种习惯、一种积累,也是一种眼光、一种智慧。我们正处于一个细节制胜的时代,不管是企业,还是个人,成功很少有轰轰烈烈的时刻,大部分的成功都是建立在一点一滴、日积月累、坚定不移地做好每一个细节之上。

任何事情都要用心去做,才能做得更快更好!在工作中,我们一定要认真认真再认真、仔细仔细再仔细、严格严格再严格,不要忽视每一个细节,要把每一个环节都做到完美无缺。

3. 细心操作,安全第一

在当今的工作中,由于安全是个老生常谈的话题,一谈到安全,就有人表现出一副厌烦的样子,埋怨说:天天讲安全,回回讲安全,讲来讲去就是安全意识、安全规程,听都听烦了,谁人不知,谁人不晓,真是浪费时间。的确,我们可以从大部分的企业单位看到“安全生产,人人有责”这样异常醒目的安全生产标语。但并不是说挂了标语,就真的把安全工作做实了,就不会发生安全事故了。工作中在小事上不重视,不细心操作而产生的大小事故在我们身边发生得还少吗?

张旺曾经是某矿山电工,1988 年 7 月 20 日的夜晚,对他来说永生难忘。那个夜晚他目睹了工友小王在拔除插头的瞬间触电死亡的惨剧。

那是 1988 年 7 月 20 日的下午 5 点多钟,供电车间运行工段长带领 10 名电工通过竖井进入总变电站室内电缆地沟安装照明线路。临近晚上 9 点,段长命令收工。6 个人已经走了出去,段长说:“冲击钻的电源还没断呢,小王,把插头拔掉。”“好嘞!”小王答应着。他是个“乐天派”,正在热恋中,脸上成天充满幸福的欢笑，走到哪儿，小曲就哼到哪儿。

突然“啊——”的一声惨叫让人心惊胆战，大家扭头一看，两米远处的小王已经倒地。张旺立即意识到他触电了，赶紧上前拔开电缆，把电缆挂在旁边的支架上，另外两人立刻将小王抬到干燥的地方，进行人工呼吸，张旺则飞跑出去打电话通知医院和车间领导、厂领导。抢救工作一直持续到次日零点30分，最终也没能挽回原本打算国庆节结婚的小王年轻的生命。

谁会相信电工会死于拔除一个插头这样的简单操作？这简直近乎“天方夜谭”。于是，不但上级部门来人调查，而且地方劳动部门和检察院也来人到现场调查。但是，得出的结论竟是这样的简单明了：小王脚穿塑料凉鞋，地面有接近1厘米深的水。他在电源插座上“拔除”插头时（临时电源，没有用接线板），不是用两只手分别拿插座和插头，而是分别用两手抓住插座端和插头端的电线，将“拔”变成了“扯”；结果左手抓的电线从插座中“脱缰而出”（插座和插头之间配合紧，而插座中电线连接螺钉没有压紧），裸露的电线端头凭借惯性，“直扑”左手中指。电流从中指进入人体，通过脚下的水形成电流回路……

事故发生之后，安全管理部门发了个文件，除强调下井必须穿劳动保护雨鞋外，还专门就施工现场拉接临时电源做出规定：插座必须固定在“接线板”上，而且强调，杜绝用“扯线”代替“拔除”。

“后来想想，好危险，好后怕啊！如果当时电线头掉进了地面的水里，水带电，我们哥儿几个再一慌张，盲目抢救，说不定4个人全报销！从那以后，我就非常注意自己的一招一式，认真对待每一项操作，哪怕是非常简单的操作，时时刻刻想着操作中可能会发生什么危险，怎么样去预防。所以，10多年过去了，我没有出过任何事故。”说到这里，张旺显得有些自豪。

安全是什么，安全是企业的生命，是家庭的幸福，是平安，更是一种珍爱生命的人生态度。春天走了会再来，花儿谢了会再开。然而，生命对我们却只有一次啊！我们不能拿血的代价去验证安全的严肃性和重要性。

某建设公司大楼,窗外单边悬挂着的吊篮随风轻微晃动。

一天,这家公司的工程师胡某独自进入吊篮。当吊篮单边倾斜时,没有系保险绳、没有戴安全帽、穿拖鞋的他猛然从吊篮坠下,最终抢救无效死亡。

事故发生后,当地的安全生产办公室和警方介入调查。在排除他杀可能之后,事故调查小组给出了分析,按吊篮安全操作规程,上篮者必须3人,必须系保险绳、戴安全帽,严禁穿拖鞋。分析指出"从吊篮单边状况分析,他没按安全操作规程同时启动篮子两端的活动滑轮。启动一个滑轮后,吊篮突然单边倾斜,把他抛出坠楼"。

调查中还得知,胡某的工作能力很强,他生前对于抓安全生产很有办法,可是当日他竟然喝酒后上架,严重违规,这可能是造成事故的直接原因。

一粒微不足道的小沙子或小纸屑掉进柴油机的主机油道里或曲轴油孔可能会造成碾瓦;一次行车路上使用手机,可能造成车毁人亡的重大交通事故;一个烟头能引发一场巨大火灾。一桩桩血的教训无不提醒着我们安全的重要性!但是在工作中却常常有一些员工不负责任,抱着侥幸的心理,只想着走捷径。殊不知正是这"偶尔一次"、"不会这么倒霉"等想法,让多少生命褪色、多少家庭失去欢笑、多少财产受到损失……在工作中,如果有人抱着闯红灯一样的侥幸心理,操作不细心,又会潜伏着多少安全隐患?

任何一个安全事故,必然有人为的因素在里边,即使是自然灾害,一个具有强烈责任感的员工会做好预防工作,细心操作,把灾害降到最低点。

有人说安全工作只有满分与零分的差别,这是有一定道理的。我们即使已经做了九十九分的努力,就差那么一点儿而发生了事故,那么就跟一分也没有做是一样的,是零分。重视安全,就不要怕麻烦,就要细心操作,该走弯路的,就不能为省事而抄近道。

当然,"细心操作,安全第一"不是一句挂在嘴边的口号,而是要真正落实到我们的思想、行动中，不能抱有任何的侥幸心理。那么如何遏制侥幸心理，用强烈的责任感筑起安全的大堤呢？

要克服侥幸心理，首先每个员工要认真学习安全生产知识，并把安全生产法规作为工作岗位上的行动指南和防范生产事故的法宝。同时，通过对典型案例的分析树立防范意识，认识事故危害，提高操作技能，实现“要我安全”和“我要安全”的意识转变。

其次，建立以反“三违”为重点的安全行为识别系统，规范作业行为。加大反违章力度，按少而精、实用和必要为原则完善班组安全规章制度，营造企业与班组良好的安全文化氛围，让员工成为有责任感、有技能、有安全意识，遵章守纪、按章作业的合格工人。

最后，要严格执行安全生产的各项规定，从每一个生产环节入手，不放过任何影响安全的隐患因素，做到细处着手抓安全。

总之，要保持对侥幸心理的警惕，严格遵守规章制度，对企业、对他人、对自己负责。只有这样，侥幸心理才会无法威胁我们的安全。

一句话，作为一名员工，勇敢地承担起自己的责任，不推诿、不扯皮，投入热情、投入真心，只有从细节做起、从小事做起、从现在做起、从自我做起，才能筑起安全的大堤。

4. 培养严谨认真、见微知著的工作习惯

人生由细节构成，事业由细节构筑，细节中往往包含着决定成败的因子，一个人如果能养成严谨认真、见微知著的工作习惯，那他也就握住了成功的脉搏。

A小姐和B小姐都是某知名企业的公关员，因为最近老总有计划要裁员，A小姐和B小姐都在工作上较起了劲。一段时间后，公司决定为一个即将启动的项目举办个剪彩仪式，一切工作就都交给A小姐和B小姐负责，这也是对她们俩的一次变相的考验。剪彩仪式上，两人的表现都很精彩，不过最后老总还是在一个小细节上判定了两人的胜负。那天的仪式，原定由五位市里的领导剪彩。当五位领导被请上台后，老总发现台下还有一位相当级别的领导也来了，于是又把这位领导也请上台一同剪彩。A小姐急得眼泪差点儿抹下来：这可要出洋相了！关键时刻，B小姐却从手袋里又拿出一把剪刀递上去。六位领导喜气洋洋地完成了剪彩，皆大欢喜。三天后，人事部下了一个通知：A小姐走人，B小姐升任公关经理。

A小姐和B小姐的成败，就系在了一个小小的细节上。一个看似不起眼的细节，你把它处理好了，可能就会得到一份意外的惊喜。所以工作中，我们一定要注意培养严谨认真、见微知著的工作习惯，为未来的事业打好基础。

一个人的能力往往是通过一个又一个细节来展现的，所以关注细节的人，就比较容易获得他人的良好印象，当然也就可以更顺利地走向成功。

1990年，沙桐从北京广播学院毕业了。作为播音系的学生，沙桐很幸运地被分到中央电视台实习，他真希望自己能留在中央电视台工作，然而这谈何容易，到中央电视台实习的并不只他一个人。

北京广播学院到中央电视台相距20多公里，每天早晨，沙桐5点多起床，6点多第一批离开学校。在赶着往城里上班的人群中，他是其中一个。顶着星星最晚回去的，也是沙桐。

不久后，沙桐开始播体育新闻。

4月份的一天，录了像，沙桐晚上8点多才回到学院。忽然，沙桐想起一个字：镐。那个时候韩国下棋的小伙子李吕镐还不是很有名。“镐”有两个读音，一是“gǎo”一是“hào”。沙桐想，这个字有两个读音，就问师兄，这个字怎么读？师兄很果断地说：“李昌镐gǎo李昌镐gǎo!”，播音时沙桐于是就念：“李昌镐gǎo。”

回到学院，沙桐琢磨这事儿。买饭的时候，跟同学研究，同学说，应该念“hào”！沙桐说：“我觉得也应该念‘hào’！”回到宿舍查字典，做地名的时候应该念“hào”，没有注明做人名的时候应该念什么。他还是拿不准，又给一个老师打电话，老师给了他一个明确的回答：“念‘hào’。”

坏了，念“gǎo”了，这怎么办？播音嘛，白字、别字、错字，一定要杜绝！上学的时候，都把一些播音员念白字、错字的经历当笑话讲呀。沙桐想，念错字让人当笑话讲也就罢了，正实习呢，出这么大一个错，这还得了！

饭也不吃了，就顶着大风往回赶。赶到电视台，已经是晚上9点50分了。“噔噔噔”跑到三层的播音室，把录像带取出来，找到播出员，把“gǎo”改成了“hào”，还不放心，一直看着播完，才放心地走了。

在电梯间，碰见了台长杨伟光。

电梯间里就两个人。沙桐知道这是杨伟光台长：“杨台长，您好。”

“啊，小伙子，这么晚才走？”

沙桐回答:“有一个字念错了,我回来改一下。”

杨台长说:“你住哪儿啊?”

“住广院。”

“啊,蛮辛苦的嘛。”

“没办法,念错了字,就要回来改。”

“好好好,小伙子工作蛮认真。”.

到了大门口,杨台长上了专车,沙桐挤上了公共汽车。

最后,在中央电视台实习的五个男生中,只留下了沙桐一个人。

卡耐基曾说过:“不要害怕把精力投入到似乎很不显眼的工作上。每次你完成这样一件小工作,它都会使你变得更强大。如果你把这些小工作做好了,大的工作往往就迎刃而解了。”看似不起眼的小事,如果你把它做漂亮了,也许就是决定你命运的一个契机。

事无巨细都应竭尽全力,尽善尽美,如果一个人能够养成这样的习惯,一生一定可以过得充实,工作也一定会做得更出色!

第五章　安心就要尽心，竭尽全力尽职尽责

安心工作少不了全心全意、竭尽全力，因为只有这样才能真正把心思全部用在工作上，对工作负责，让别人放心，也让自己成就不凡的事业。

1. 尽心尽责是工作的原则

职责是每个人应尽的义务，任何不愿意败坏自己的声誉、不愿意最终破产的人都必须认真履行自己的职责。职责是一项不可推卸的义务或者债务，每个人都应该终其一生地通过自觉的努力和决然的行动来履行自己的义务，或者说免除自己的债务。

职责伴随每一个人生命的始终。从来到人世间一直到离开这个世界，我们每时每刻都要履行自己的职责和义务——对上司的职责和义务，对下属的职责和义务以及对同事的职责和义务。凡是有人生存和活动的地方，都有我们人类应尽的职责，职责和义务与我们的生活是不可分离的。我们每一个人，不论尊卑贵贱，男女老少，都只是一名普通的服务员，为了我们自己，也为了他人的幸福，我们应该利用上天赋予我们的一切手段和能力来履行自己的职责。

工作意味着责任。每一份职位所规定的任务就是一种责任。责任是一名员工的立身之本，可以说，一个人放弃了工作中的责任，就意味着放弃了在工作中更好生存的机会。

一个人无论从事何种职业，都应该尽心尽责，尽自己的最大努力，求

得不断的进步。这不仅是工作的原则，也是人生的原则。如果没有了职责和理想，生命就会变得毫无意义。无论你身居何处(即使在贫穷困苦的环境中)，如果能全身心投入工作，最后就会获得经济自由。那些在人生中取得成就的人，一定在某一特定领域里进行过坚持不懈的努力。

知道如何做好一件事，比对很多事情都懂一点儿皮毛要强得多。在得克萨斯州一所学校作演讲时，一位总统对学生们说："比其他事情更重要的是，你们需要知道怎样将一件事情做好；与其他有能力做这件事的人相比，如果你能做得更好，那么，你就永远不会失业。"

许多人都曾为一个问题而困惑不解：明明自己比他人更有能力，但是成就却远远落后于他人，不要疑惑，不要抱怨，而应该先问问自己一些问题：

——自己是否真的走在前进的道路上？

——自己是否像画家仔细研究画布一样，仔细研究职业领域的各个细节问题？

——为了扩展自己的知识面，或者为了给你的老板创造更多的价值，你认真阅读过专业方面的书籍吗？

——在自己的工作领域你是否做到了尽职尽责？

如果你对这些问题无法作出肯定的回答，那么这就是你无法取胜的原因。如果一件事情是正确的，那么就大胆而尽职地去做吧！如果它是错误的，就干脆别动手。

那些技术半生不熟的泥瓦工和木匠，将砖石和木料拼凑在一起来建造房屋，在这些房屋尚未售出之前，有些已经在暴风雨中坍塌了；术业不精的医科学生不愿花更多的时间学好技术，结果做起手术来笨手笨脚，让病人冒着极大的生命危险；律师在读书时不注意培养能力，办起案件来捉襟见肘，让当事人白白花费金钱……这些都是缺乏敬业精神的表现。

无论从事什么职业，都应该精通它。让这句话成为你的座右铭吧！下决心掌握自己职业领域的所有问题，使自己变得比他人更精通。如果你是工作方面的行家里手，精通自己的全部业务，就能赢得良好的声誉，也就拥有了一种潜在成功的秘密武器。

某人就个人努力与成功之间的关系请教一位伟人："你是如何完成如此多的工作的？"伟人答道"我在一段时间内只会集中精力做一件事，但我会彻底做好它。”

如果你对自己的工作没有做好充分的准备，又怎能因自己的失败而责怪他人、责怪社会呢？现在，最需要做到的就是“精通”二字。大自然要经过千百年的进化，才长出一朵艳丽的花朵和一颗饱满的果实。但是在如今的时代，年轻人随便读几本法律书，就想处理一桩桩棘手的案件，或者听了两三堂医学课，就急于做外科手术——要知道，那个手术维系着一条宝贵的生命啊！

学生时代一旦养成了半途而废、心不在焉、懒懒散散的坏习惯，运用一些小伎俩来蒙混过关，欺骗老师，一旦步入社会，就不可能出色地完成任何任务。去银行办事时总是迟到，人们会拒付他的票据；与人约会时总是延误，会让人大失所望。如果一个人认为小事情是不值得认真对待的，那么如果他想著书立说，必定漏洞百出。一些人从来不会认真地整理自己的论文和书信，所有的文稿和信件散乱地堆放在书桌上，办事时他就会缺乏条理，不讲究秩序，思维也不周密，结果是连自己最基本的立场、原则和态度都会丧失，也会失去他人对自己的信任。

这种人注定会是失败者，家人和同事也会为他们感到沮丧和失望。如果这种人成为领导，将会造成更恶劣的影响，其下属也必定会受这种恶习的传染——当他们看到上司不是一个精益求精、细心周密的人时，往往会群起而效仿。这样一来，个人的缺陷和弱点就会渗透到整个事业中去，影响公司的发展。

一位先哲说过：“如果有事情必须去做，便全身心投入去做吧！”另一位明哲则道：“不论你手边有何工作，都要尽心尽力地去做！”

做事情无法善始善终的人，其心灵上亦缺乏相同的特质。他不会培养自己的个性，意志无法坚定，无法达到自己追求的目标。一面贪图玩乐，一面又想修道，自以为可以左右逢源的人，不但享乐与修道两头落空，还会悔不当初。从某种意义而言，全心追名逐利比敷衍修道好。

做事一丝不苟能够迅速培养严谨的品格，获得超凡的智能；它既能带领普通人往好的方向前进，更能鼓舞优秀的人追求更高的境界。

不管做什么事，一定要尽心尽责，因为它决定一个人日后事业上的成败。一个人一旦领悟了全力以赴地工作能消除工作辛劳这一秘诀，他就掌握了打开成功之门的钥匙了。能处处以主动尽职的态度工作，即使从事最平庸的职业也能增添个人的荣耀。

2. 只有不尽心的员工，没有做不好的工作

在工作中，有很多员工没有留意事业成功的要素，常常把事情看得很简单，不能集中全部精力尽心去努力工作。殊不知，工作经验好比是一个雪球，在事业上，它永远是愈滚愈大的。

只有不尽心的员工，没有做不好的工作。

对于我们而言，无论做什么事情，都要记住自己的责任，无论在什么样的工作岗位上，都要对自己的工作负责。

程程大学毕业后在一家航空公司上班，不久就被提升为部门经理。随着交际面的拓宽，他涉足了其他一些领域，他发现做证券生意很赚钱。一个月后，尝到甜头的他又瞄上了其他生意。几年后，他手头上已经换了几个行业，可他越来越觉得精力不够，想从这个行业撤出又觉不舍，久而久之，手头上的几个业务一个接一个失败，航空公司老总越来越对他产生不信任感，最终，他只好远走他乡。

他不由感慨地说："我现在才明白过来，要想把工作做好，从而有所作为，就得尽心去做自己认准的事情。"

一个人无论能力大小，只要你能够勇敢地担负起责任，尽心去工作，完成好每一项工作，你所做的一切就有价值，就会成功，就会获得尊重。

只有不尽心的员工，没有做不好的工作。我们都要看重自己的工作，进而产生高度的责任感、使命感。即使我们只是公司里极其普通的一员，即便我们每天做的都是一般性的日常工作，也将重新审视、看重自己的工作，努力做好工作，为公司发展贡献自己的微薄之力。

一个商店的老板需要招聘一个小伙计，他在商店的窗户上贴了一张独特的广告——“招聘：一个能自我克制的男士。每星期 40 美元，合适者可以拿 60 美元。”

每个求职者都要经过一个特别的考试。乔治也来应聘，他忐忑地等待着，终于，该他出场了。

“能阅读吗?”

“能，先生。”

“你能读一读这一段吗?”商店老板把一张报纸放在乔治面前。

“可以，先生。”

“你能一刻不停顿地朗读吗?”

“可以，先生。”

“很好，跟我来。”商店老板把乔治带到他的私人办公室，然后把门关上。他把这张报纸送到乔治手上，上面印着乔治要读的一段文字。

阅读刚一开始，商店老板就放出 6 只可爱的小狗，小狗跑到乔治的脚边，相互嬉戏吵闹。许多应聘者都因受不住诱惑要看看美丽的小狗，视线离开了阅读材料，因此而被淘汰。但是，乔治始终没有忘记自己的角色，他知道自己当下是求职者，他不受诱惑，一口气读完了材料。

商店老板很高兴，他问乔治：“你在阅读的时候没有注意到你脚边的小狗吗?”

乔治答道：“是的，我注意到了，先生。”

“我想你应该知道它们的存在，对吗?”

“对，先生。”

“那么，为什么你不看一看它们?”

“因为没有做不好的工作，只有不负责任的人。我要对我的工作负责。”

商店老板在办公室里来回走着，突然高兴地说道："你就是我想要找的人。"

我们每个人都扮演着不同的角色，不论自己出身贫寒或富贵，都要对自己所扮演的角色负责。只有勇于承担责任的人，才会被赋予更多的使命，才有资格获得更大的荣誉。人可以清贫，可以不伟大，但不可以没有责任。任何时候，我们都不能放弃我们自己肩上的责任。一个缺乏责任感的人，将失去别人对自己的信任与尊重，最终将失去所有一切。可以说，责任伴随着我们的一生，人生赢就赢在责任！

诺贝尔奖获得者爱德华·亚皮尔顿曾经说过这样一句话："我认为，一个人要想在科学研究上有所成就的话，热诚的态度远比专业知识来得重要。"同样，一个人要想在工作中取得成就，尽心负责的态度，要比能力更加重要。

也许，你只是一名普通的员工，能力也没有过人之处，但只要你尽心去做，你的工作一定会非常出色，个人价值一定会得到升华。优秀的人往往只是比别人多了一份心而已。然而，这一份心，却往往要胜过多份智慧。

世界上只有不尽心的员工，没有做不好的工作。要想成为一名尽心的员工不妨从以下几点入手：

第一，带着使命感去工作。

每个人都会有使命感，因为使命感来自于兴趣以及义务感。兴趣是人的一种"内在激励"，它可以更持久、更有效。把工作当成一个兴趣，就能让责任与兴趣相伴。所以，找到自己的兴趣，是做好工作的重要步骤。如果一个人对自己的工作无法培养出兴趣，就应该将时间用在寻找感兴趣的工作上。

义务感也是使命感的一个来源，是一个人走向成熟的标志。一个人有了义务感，就意味着他不会将成功当成是天上掉馅饼的白日梦，也不会指望免费的午餐。付出才能得到回报，才会有收获。

第二，把自己当成是重要的人，主动做事，不要置身事外。

当我们以"这不是我的职责"、"老板没要求我去做"等类似的理由去推卸责任时，就是把自己置身于事外，缺少了做事情的主动性。我们应该抱着“公司的事就是自己的事”的工作信念，为公司的发展着想。

无论自己的职位是高还是低，都要学会做好自己的事情。如果你是公司的一名普通的管理员，当发现货物清单上有一个看似与自己职责无关的错误时，也要勇于指正。否则，一旦酿成大错，到时候自己也摆脱不了干系。

第三，学会马上行动，不去坐等问题的解决。

不要有“再说吧”的口头禅，也不要抱有“等着瞧”的态度去工作。在工作中，消极的行为必然会给工作带来消极的结果。学会马上行动，就是用积极的心态去工作，迎接挑战。那些有成就的人都是积极的参与者，而不是旁观者。

第四，学会为团队着想，为团队解决问题。

一个公司有不同的部门，财务部、销售部、制造部等不同的分支机构，各部门必须齐心协力才能让公司更好地前进。为公司的整体利益着想，就是可以通过部门间的合作来解决存在的问题。在同一部门中，学会精诚团结，在不同的部门中，学会沟通协调，积极主动地为团队做事。

第五，不要逃避问题，要学会积极面对。

逃避问题、回避问题并不能解决问题。成功者永远都在以一种积极的心态去看待问题，他们不像某些人，在还没有行动之前，就给自己做了假定——这件事情我做不好。积极面对，才能去承担责任，才能有解决问题的勇气。当一个人给自己设置了太多限制时，再大的能力也施展不出来。

只有不尽心的员工，没有做不好的工作。无数成功者的故事告诉我们，尽心的员工总能在工作中承担更多的责任，主动去解决问题。有一颗责任心，就能在责任感的驱使下去行动、去改变、去提升自我。公司喜欢忙碌踏实的人，更喜欢那些尽心尽力的人。

因此，作为一名员工，只要每天用心多一点儿，承担的责任多一点儿，就可以在平凡的工作中做出不平凡的成绩，就可以成长为不平凡的人、出类拔萃的人、富有的人、成功的人！

3.

100%尽心,工作才会尽善尽美

一个医生很出色,是因为他爱患者吗?当然不是,是因为他对患者必须100%尽心。

要想将一件事做得尽善尽美,就必须在做事的过程中坚持100%尽心,以最负责任的态度对待你的工作。也许有人会表示反对,因为事情分轻重缓急、分内分外,这都决定着你做事情的态度。

事实上,一个人在做一项工作时,无论这件事是否重要,也无论这件事是不是你喜欢的,只要你上手去做了,就代表你要对这件事100%尽心。

某所中学是一所综合教学质量较差的学校。近年来,学校的领导班子换了一拨又一拨,教师队伍也一直在年轻化、高学历化,但是该校的整体发展还是很差。校长很头痛,请来了国内教育方面的一位专家,请他给这所学校把脉。

那位专家因为事务繁忙,没时间进行调研,便要求校长把该校的办校方针政策,以及规章制度、工作简报、教师介绍、媒体报道等材料一并发给他。

在详细研读了这厚厚的材料之后,专家找到了校长进行详谈。他对校长说:"贵校的制度没有问题,和一些省重点中学相比都毫不逊色,师资也算较强,教师队伍也是朝气蓬勃,并且教师本身也都很有实力。而之所以多年不见起色,原因恰恰在于对教师的工作要求上。看完所有的材料和媒体报道,对贵校印象最深的关键词就是'爱'——媒体上夸贵校的老师是如何为学生的成长奉献爱心,学校表彰的老师也是最爱学生的典型,贵校对教师的工作要求是'用爱孩子的心爱学生',校训是'师德就是师爱’……但是，这所有的里面恰恰缺少了最关键的理念——责任。我在材料中看到了老师为了‘爱’孩子而放弃青春、家庭、健康，但这些和贵校是否能教育出好学生是没有必然关系的。做任何事，最关键之处在于要有责任心，而不是有爱心。以这种空泛强调爱的理论来指导学校工作，最终只能是拖垮拖病老师，而学生的成绩和综合素质也不见提高，空做无用功。一个医生很出色，是因为他爱患者吗？当然不是，是因为他有对患者强烈的责任心。”

在听完这些道理之后，校长茅塞顿开、恍然大悟，随即制定新的管理方案和教学方针，把“具有高度责任感”、“做负责任的教师”通过种种措施加以贯彻。不久后，这所学校综合成绩大有提升，并且升格为市重点中学。

对于有些人来说，其处境大致和这所多年“不遇”的学校差不多，一切制度、师资、教学队伍都是强大的，就像怀才不遇者被埋没的才能。但是，学校忘记了应该坚守的原则——责任心。而我们呢？如果缺少了责任心，同样将会一事无成。

想要在职场上获得成功，必须先把自己的工作做得出色。想要在工作中做出出色的成绩，就必须100%尽心，以强烈的责任感开展工作。医生要对患者负责，老师要对学生负责，设计员要对设计稿负责，程序员要对软件成品负责，记者要对稿件负责……只有在工作中脚踏实地地以100%尽心的态度去做事，你才能将工作做好，做出色。

当罗迪刚转入职业棒球界不久，便遭到有生以来最大的打击，他被约翰斯顿球队开除了。他的动作无力，因此球队的经理有意要他走人。经理对他说：“你这样慢吞吞的，根本不适合在球场上打球。罗迪，离开这里之后，无论你到哪里做任何事，若不提起精神来，你将永远不会有出路。”

罗迪没有其他出路，因此去了宾州的一个叫切斯特的球队，从此他参加的是大西洋联赛，一个级别很低的球赛。和约翰斯顿175美元相比，每个月只有25美元的薪水更让他无法找到激情。但他想:“我必须激情四射,因为我要活命。”

在罗迪来到切斯特球队的第三天,他认识了一个叫丹尼的老球员,他劝罗迪不要参加这么低级别的联赛。罗迪很沮丧地说:“在我还没有找到更好的工作之前,我什么都愿意做。”

一个星期后,在丹尼的引荐下,罗迪顺利加入了康州的纽黑文球队。这个球队没有人认识他,更没有人责备他。那一刻,他在心底暗暗发誓,我要成为整个球队最努力也最尽心尽力的球员。这天在他生命里刻下了最深的烙印。

每天,罗迪就像一个不知疲倦和劳顿的铁人一样奔跑在球场,球技也提高得很快,尤其是投球,不但迅速而且非常有力,有时居然能震落接球队友的护手套。

在一次联赛中,罗迪的球队遭遇实力强劲的对手。那一天的气温达到了华氏 100 度,身边像有一团火在炙烤,这样的情况极易使人中暑晕倒,但他并没有因此退却。在快要结束比赛的最后几分钟里,对手接球失误,罗迪抓住这个千载难逢的机会迅速攻向对方主垒,从而赢得了决定胜负的至关重要的一分。

发疯似的激情让罗迪有如神助,它至少起到了三种效果。第一,他忘记了恐惧和紧张,掷球速度比赛前预计的还要出色;第二,他“疯狂”的奔跑感染了其他队友,他们也变得活力四射,首先在气势上压制了对手;第三,在闷热的天气里比赛,罗迪的感觉出奇的好,这在以前是从来没有过的。

从此,罗迪每月的薪水涨到了 185 美元,和在切斯特球队每月 25 美元相比,他的薪水在 10 天的时间里猛增了百分之七百,这让他一度产生不真实的感觉,他简直不知道还有什么能让自己的薪水涨得这么快,当然除了全力以赴、100%的尽心,别无他物。

在工作中应该严格要求自己,能做到最好,就不能允许自己只做到一般;能完成 100%,就不能只完成 99%;能尽到 100%的心,就不要只尽到 99%的心。

日本有句这样的俗语:“先尽人事,后待天命。”不管是在什么时候,一个人都应该尽自己最大的努力做好他应做的一切。这并不是说只要尽了人力，事就一定成。除了人的因素之外，还有高高在上的强大力量，你可以把它叫作命运或机遇，这是你我各自不同的，每个人都应率真地听从于它。因此，无论身处怎样的境遇，遭遇怎样的困难，都不要放弃努力，而应该全力以赴做到最好。

4. 像第一天那样尽心工作

所谓“人之初，性本善”，许多人在第一天上班时，通常都是很尽心的。对于工作来说，不管属不属于自己的职责范围之内，都会毫不犹豫地把它完成，例如别的部门让你去帮忙，你也很乐意去；如果某件事情出了差错，即使主要职责并不在你身上，你都会毫不推卸地把责任扛上，甚至帮人背黑锅，绝不会找一堆理由去辩解。由此你也常赢得上司的赞赏和同事的称赞。但是好景不长，用不了多久，你也变得“精明”起来了，开始学会保护自己了。职责划分得很明确，如果不是本部门的工作，就尽量往其他部门推，如果不是自己职责范围内的事，就算天塌下来，自己也不去管。因为你认为，消耗自己的时间和精力干自己分外之事，那是很吃亏的，而且其他的同事都是这么做的，自己又何必这么热心肠呢？而一旦工作出了事，能把责任推到别人身上就推到别人身上，实在推不掉，就把一切归罪于客观原因，反正就是要让自己置身事外，远离祸水。

有一位运动员的故事曾经激励了无数人。他并不是金牌得主，也没有打破任何纪录，他来自一个体育运动并不发达的国家，他没有任何惊天动地的举动，但是他的精神却成为人们效仿的榜样——他就是1968年墨西哥城奥运会上来自坦桑尼亚的马拉松选手艾克瓦里。

当时,艾克瓦里吃力地跑进奥运会体育场的时候,时间已经是晚上了,整个体育场漆黑一片,他是最后一名抵达的运动员。这个时候,奖已经颁完了,不要说运动员,连观众都已经走光了。

艾克瓦里的双腿绑着绷带,仍然有丝丝血迹渗透出来,脚也一瘸一拐。尽管已经筋疲力尽,他还是坚持绕场一周,到达了终点。

一位享誉国际的纪录片制片人格林斯潘见证了这一幕。他一直默默地注视着艾克瓦里跑完全程,然后好奇地走上前,问他为什么在自己受伤、比赛结束的情况下,还要这样吃力地坚持到终点。就算他跑到终点也没有人注意到,而且反正已经是最后到达的,跑不跑完也不会有什么区别。

这位年轻的选手这样回答格林斯潘:“我的国家把我从两万多里之外送到这里,不是让我来起跑的,而是让我来完成比赛的。就算没有观众,没有裁判,这也是我的责任,我没有理由不坚持到最后,更没有借口来逃避退缩。”格林斯潘被这句话震动了,他把这一幕做成了纪录片,在电视上播出了一次又一次。

现实中,我们大多数员工责任感还是比较强的,工作中是认真负责的,工作成效也是显著的。但毋庸置疑,也确有不少员工责任意识淡薄,缺乏应有的责任感和敬业精神,工作得过且过,做一天和尚撞一天钟,甚至个别员工处处从个人利益出发,计较个人得失。在这些员工看来,工作不过是为了赚点钱花,在工作上稍微有一点儿困难,他们脑海中马上就会浮现出各种借口。

事实上,那些能够实现自己的目标、取得成功的人,并非有超凡的能力,而是有着强烈的责任感。他们能积极抓住机遇,创造机遇,而不是一遭遇困境就退避三舍、寻找借口。人们必须停止把问题归咎于他人和自己周围的环境,应当勇于承担自己的责任。一旦自己作出选择,就必须尽最大的努力把事情做好,一切后果自己承担,绝不找借口,不推卸责任。

一个人只有尽心尽责,才能把工作做好,才能赢得上司的赏识和同事的信任。如果你能保持每天像第一天那样尽心尽责,那你在职场上的成功也就指日可待了。或许你会觉得自己很难做到这一点，确实，许多人都难以对本职工作做到尽心尽责，也就是说，很多人做不到敬业。在很多人眼里，工作只是获得薪水和晋升的手段，不少人只是把工作当成自己谋取利益的工具，而并非真正热爱自己的工作。所以，许多人在第一天上班时，会表现得非常尽心尽责，以便在上司和同事面前留个好印象，为将来的发展做个铺垫。但一旦工作了一段时间后，他们就会觉得自己那份平淡的工作很难给自己带来前途，于是对工作就不会再那么热情和尽心了。他们眼里盯紧的是：哪里有利可图？我如何跳到别的职位上去？而没有把心思放在如何把工作做好上。

许多人把自己的成功寄托于某个好职位上，而不懂得成功的真正秘诀却在于如何把自己的工作做好。这好比一个武林人士一直想获得一本武林秘籍或者削铁如泥的兵器，而不知道真正的高手是靠自己日夜苦练出来的。你可以发现，职场中好高骛远的人一直都无法得志，而脚踏实地，勤恳工作的人却步步高升。

如果把工作比作一个舞台，那么不仅需要在舞台上做一个出色的演员，必要时还必须能够出色完成幕后任务。哪怕是一些琐碎小事，也要树立对工作的正确态度，每天像第一天那样尽心工作。为此，我们应该从以下五方面入手，来提高自己的责任心。

(1)把工作当作一面镜子。

对一份工作是否尽心尽责，可以反映出一个人品德的优劣。目前不少职场人士抱着一种打工者的心态做事，觉得自己所做的一切努力，不过是在替老板卖命赚钱，于是内心丧失了激情和责任心，工作起来自然就马虎了事，消极被动，业绩也好不到哪里去，由此在上司心中的印象一再贬值。其实，我们应该把工作当成自己的一面镜子，对自己的不良表现要一再反思，从而对自己的做事态度、风格不断修正，这样责任心就慢慢地树立起来了。

(2)培养自己团队协作的互助意识。

在企业中，我们每个员工并不是独立的个体，部门与部门之间的往来，人与人之间的工作合作，都是紧密相连的，所以每个人都必须培养共同协作、相互依存的整体关系意识。目前，许多企业开始推行目标管理，一个人的恶劣表现可能会严重影响整个部门目标的实现，这就像一台大机器,而每一个员工就是这台机器上的一个齿轮,假如其中有一个齿轮松动了,产生运转困难的话,会引起其他齿轮的不正常运转,而且还会影响到整台机器设备的操作运作。所以,作为一名职场人士,我们不仅要对自己的工作负责,还要对同事、对部门乃至公司的利益负责。我们要以整体利益为重,培养与同事团结协作的互助意识。

(3)努力提高自身的综合素质。

做好本职工作,不但要以大局为重,以企业的利益为重,还应把提高自己综合素质放在突出位置。一个人综合素质的高低,对树立自己的责任心,以及做好本职工作起着关键性的作用。只有自身综合素质提高了,才会摆脱以经济利益为驱动力的狭隘思想意识,转而追求成就感和自我价值的实现。这就需要我们持续学习,不断为自己充电,而在当今知识经济时代,学习型员工已逐渐成为一种潮流。只有加强知识业务的学习,着实提高文化理论水平,不停开阔视野,不断提高自己的修养,用正确而又科学的方法去工作,才能将工作做到尽善尽美。

(4)发扬敬业精神。

所谓敬业就是敬重自己的工作,将工作当成自己的事。在工作中,我们要做到以敬业的高标准来严格要求自己,努力发扬敬业精神,把工作当成自己的事业,一切以企业的利益出发,尊重自己的工作,热爱自己的岗位,以主人翁的姿态把敬业精神贯穿到自己工作中的每一个环节中去。

(5)勇于奉献自己。

勇于奉献自己,也就是你要从内心要求自己全力以赴地工作,做到100%地献出你的智力和体力。努力培养自己为企业工作奉献的精神和品质,把工作和企业的利益放在第一位,不计较个人得失,兢兢业业、任劳任怨地去工作。在工作中充分发挥自己的聪明才智,在实践中不断增长自己的智慧,不断提升自己的人格魅力和人生价值。

5. 竭尽全力，让工作使人放心

在生活中，我们常常可以看到有的人在遇到困难时，只是叹气，问他的情况，也总是满面愁容地说："真没办法，我已是竭尽全力了！"这样，在他看来，真是山穷水尽，没有希望了。

事实上，好多事情的真相并非这样。你要问问自己：真是什么办法都想过了，真是一点儿解决的希望都没有了，真是用尽了全部的力量吗？有时换一个人，人家就想出了办法，又出现了"柳暗花明又一村"的情况。

同样，在我们的工作中，困难肯定是有的，但我们不要轻易地说已经毫无办法，已经竭尽了全力。我们应该是工作的乐观者，应该想想，我们能不能再想办法挖掘出潜力。问题再多，方法也总比问题多。不是力量全部都用尽了，而很可能是我们在某些方面还没有想到。还可能是陷于原有的思维定式之中，没有能解放出来的缘故。

做工作，只有真正地竭尽全力，才能使人放心。毫不保留，有多少力出多少力，正是全心全意的表现。这就要求我们不能满足于一般的工作表现，要做就做到最好，如此，我们才有可能达到完美，才可能成为公司中不可或缺的人才。

稻盛和夫是日本京都陶瓷公司的创始人，通过努力，他得到了松下公司一笔大的订单，但是松下公司的条件非常苛刻，他不仅要求产品质量好，而且还要求降低价格。京都陶瓷公司的很多人，对松下方面很失望。他们觉得已经想尽办法，成本无法再降低了。真要按松下的价格，就根本赚不到钱，不如干脆放弃。

这时，稻盛和夫却不这么看。他想对方虽然苛刻，但我方在挖潜上，还不是用尽了全部的力量，一定要想方设法再降低成本。于是他创立了一种"变形虫经营"的新管理模式，把全公司分成了若干个“变形虫”小组，把降低成本的责任落实到每一个基层员工的身上。就这样，人人都为降低成本献计出力。终于把成本再度降低，完成了生产任务而且还获得了可观的利润。可见，在大家都认为再没办法的情况下，有的人还是能想出办法，挖掘潜力。

竭尽全力正是敬业精神的基础。一个人无论从事何种职业，都应如此，这不仅是工作的原则，也是人生的原则。

态度改变人生。每一个人，不管他的地位、现状如何，都应该拥有一颗追求完美和卓越的雄心，如果连这一点都做不到，那么想要有所成就是不可能的。

竭尽全力做好自己的工作，让别人无可挑剔，这是我们在职场如鱼得水、游刃有余的重要法宝。如果付出更多的时间和汗水，一定会收获丰硕、甜美的果实。

齐格勒说：“如果你能够尽到自己的本分，尽力完成自己应该做的事情，那么总有一天，你能够随心所欲地从事自己想要做的事情。”有很多人就站在完美的门口，却永远做不到完美。他们可以把很多事情做得很差，半途而废，却没法把某一件事情做得很好，有始有终。他们总是得不到他们想要得到的东西，因为他们无法达到所需要的水平。他们离完美就差那么一点点。有多少人几乎会两种语言，却哪门语言都既不能说又不能写；有多少人几乎懂两门学问，却无法完全理解其中某一门的全部知识；有多少人几乎会两门艺术，却没有一门艺术可以达到很高的水平或让他以此盈利。这正和世界上很多半途而废的工作一样，其实只需要再多一点儿坚持、多一点儿职业训练、多一点儿高水平的教育，就能够避免这些失败。

对于一个优秀的员工来说，不管他经手的是什么样的工作，都会竭尽全力把它做到使人放心，这应该是这类员工的人生信条。他会在工作上留下他工作过的印记，让他的名字成为最优质的工作的代名词。他会让人们相信，他做的工作都是最好的，这是所有的老板都在寻找的品质。这类员工明白对工作全力以赴的品质完全可以弥补先天的缺憾，它是比金钱更好的资本。

不论你的工作报酬是高是低，你都应该保持“竭尽全力，让工作使人放心”这种良好的工作作风。每个人都应该把自己看成是一名杰出的艺术家，而不是一个平庸的工匠，应该带着热情和信心去工作，在工作中享受由专注、创造所带来的深深的喜悦。

虽然人类永远不能做到完美无缺，但是在我们不断增强自己的力量、不断提升自己的时候，我们对自己要求的标准会越来越高，我们也会因此离完美越来越近。这是人类精神的永恒本性。

那些对奋斗目标用心不专、左右摇摆的人，对琐碎的工作总是寻找遁词，懈怠逃避的人，他们从不会竭尽全力把自己的工作做到使人放心，反而在工作中常抱有这样一些想法：

· 速度要快，质量在其次，差不多就行了；

· 现在的工作只是跳板，不需要我认真对待；

· 我的工作能够得到他人的帮助就好了。

一个人一旦被这些想法控制后，不管他的工作条件多么好，交付他的工作多么简单，也很难全心全意投入工作，圆满地做好自己的工作。这种类型的员工，不会到达成功的顶峰，也不会得到任何老板的重用。

现代职场中，认真做好自己的工作的员工和凡事得过且过的员工之间最根本的区别在于，前者懂得为自己的行为结果负责，这种工作态度常能感化“铁石心肠”的老板。而后者却是对待工作马马虎虎，这样的员工，老板会随时将其辞退。

一个人如果没有职责和理想，生命就会变得没有意义，而没有意义的人生，是一种被浪费了的人生，等于白到世上走一遭，这是相当可惜的。所以，只有竭尽全力把工作做到最好，你的人生才会变得更有意义。马丁·路德·金有一篇题为《我有一个梦想》的演讲，那么，你的梦想呢？你这一生有什么样的梦想呢？不要把它遗忘，站起来，去为它奋斗。

常听有些人慨叹：“唉，我的一生一无所获，事业一无所成。”人生最大的遗憾与折磨，莫过于此。由于疏懒怠惰造成的巨大缺憾，连自己也没法向自己交代，而面对心底的真实，只得坦白承认生命白白地流逝，后悔明明有十分的力气，却只用了一分。

其实，竭尽全力，让工作使人放心并不难。竭尽全力首先要把“认真”二字放在脑中，然后尽快了解自己的工作范围，熟悉公司的一切，对公司有个全局认识。其中包括公司的目标、使命、组织结构、销售方式、经营方针、工作作风……尽量使自己能像老板一样了解所在的公司。熟悉公司的一切是做好本职工作的基础，打好这个基础可以使本职工作干得更出色，甚至超出老板的期望。从另一方面讲，主动努力了解公司的一切，可表现出一个员工愿意接受公司的企业文化，愿意融入这个群体，而不是做一个匆匆过客。能够给老板留下这种印象，对于一个渴望成功的员工来说非常重要。仅仅了解企业文化还不够，优秀的员工还会像海绵一样，拼命吸收所在行业中的各种知识，在本职工作范围内，“全方面”地学习，持续不断地自我成长，专精于自己所从事的领域，并竭尽所能地了解专业领域的最新动向和知识。只有做到这些，才能迎接变革的需求，圆满地完成老板交付的工作。

优秀的员工永远不会过分讲述自己所做的工作，因为还有更多的、更重要的、更有价值的事情要做。一个员工的职业生涯和未来的成功，都会被他是否竭尽全力地投入工作的态度所影响。在工作中，优秀的员工必会一直保持一种全力以赴的拼劲，踏踏实实地做好每一天的工作，坚持做完手里的每一件工作，而且做得很出色。甚至有时候让自己背水一战，因为只有这样，才能不断提高自己的工作业绩，也只有这样，才能使老板刮目相看，最终走向事业的顶峰！

第六章　安心就要精心，精益求精止于至善

精心工作，既是一种务实的工作态度，又是一种具体的工作方法。"精心工作"就是要对待工作认真负责，一丝不苟。杜绝敷衍了事、随遇而安的工作方式。在工作中，每一位员工都应该养成"精益求精、止于至善"的工作习惯，把工作深入化和细致化，不断完善，不断提高。

1. 精心工作，杜绝敷衍了事

在很多单位，有一部分人做事总是不用心，对工作能敷衍就敷衍、能应付就应付、能逃避就逃避。"粗心、懒散、草率"等这样一些字眼，是他们工作的主要表现。以这样的态度去工作，其结果可想而知。

事实上，要想把工作做好做到位，就必须精心工作，杜绝敷衍了事。

那么，什么是敷衍呢？就是只做表面功夫，对事不负责任，尤其是到了最后的关键一步，心态开始浮躁、开始飘飘然，觉得这件事马上就要完成了，不用特别用心也没关系。其实，事实恰恰相反，越是到了最后的时刻，越是要小心严谨。

有些人做事开头做得很好，过程保持得也精彩，但是一旦到了快要结束的时候，希望就在眼前，结果就要出现，浑身的神经就开始放松了，觉得反正事情就快做完了，放松一下也没关系。殊不知，心理防线一松，整件事情都会随之滑坡，有时甚至会出现局势逆转的败绩。海德伍·布朗曾说过："生活的悲剧不在于一个人输了，而在于他差点赢了。"

身在职场，是容不得半点不负责的态度的，作为一名员工，就应该将自己分内的事情保质保量地完成。如果以敷衍了事的态度对待，那么将来你被列在裁员名单上时，老板可能连敷衍的理由都不愿意给你。

有一位经营微电子产品的经理向下属谈起这样一件事：

在我的公司有一位工作多年的女员工小孙，一直要求我将她提到一个高薪的职位。碍于她在公司多年的工作经历，而且她确实具备一定能力，我同意了她的要求。可是，就在我同意她的要求后没几天，公司接到了一个大单，按照职责，这批产品应该由小孙全部负责监督生产。刚刚上任的小孙也是踌躇满志，准备好好表现一把。

工作展开的前几天，小孙每日都到车间转悠，哪个工人哪个步骤存在缺陷都会指出来。这样过了几天，整个生产车间倒也井然有序。可是，到最后产品出厂的时候，却出了问题，产品30％不合格。

看着被打回来的订单，我百思不得其解。小孙是专业的微电子技术总监，为什么她监督生产的产品还会有不合格的现象？怀着这样的疑问，我亲自下了车间。

在车间里，我找到了答案。原来小孙每日都来车间不假，但是作为高级技术总监，小孙指出来的错误一般的工人根本难以理解。开始时，小孙还会耐心给工人做示范，但是到了快交工的时候，自觉工作做得差不多的小孙便不再经常去车间，有时即使出现在车间，也是例行公事地转一圈就走。这样直接的后果，便是在关键的最后环节，工人们错了没有人指正，因此造成了产品30％不合格。

小孙有能力吗？肯定是有的。但是小孙为什么没有把工作做好呢？都是敷衍惹的祸。

在接近成功的最后一刻，最怕的就是这种浮躁与掉以轻心，很可悲，小孙就犯了这样的错误。既给公司的生意造成了巨大损失，也使自己面临着领导的信任危机——把她提上来是不是错了？

在现实的工作中，有很多员工只知道抱怨公司，却不反省自己的工作态度，似乎根本不知道被公司重用是建立在认真、仔细完成工作的基础上的。他们整天敷衍工作，并发出这样的言论："何必那么认真呢？""说得过去就可以了。""现在的工作只是个跳板，那么认真干什么？"结果，他们失去了工作的动力，不能全身心投入工作，自然不能在工作中取得斐然成绩。最终，聪明反被聪明误，失去了本应属于自己的升迁和加薪机会。

如果在工作过程中催一下动一下、挨一下鞭子推一下磨，这岂不是对自己的人生不负责？以敷衍了事的态度对待工作会给我们带来暂时的轻松，却会在此后相当长的一段时间内让我们轻松不起来。

某报社曾有个年轻的通讯员，在报道某企业当年的成就时，因为对工作敷衍了事，结果把"千"字错写成了"万"字，等到新闻在报纸上登出后，当地的税务部门立刻找到这家企业的老板，严厉批评他们说："你们公司隐瞒实际收入，企图偷税漏税，现在必须补交税款！"老板听了之后感到十分奇怪，因为公司确实是按实际收入交税的，没有任何隐瞒收入的违法行为，于是就与税务部门争辩，税务部门人员说："你们还拒不承认，更应该加重处罚，你们说没有隐瞒收入，但是报纸上已把你们的收入登出来了，与你们上报的出入太大，你们还不承认？"老板没办法，只得找来报纸，并协助税务部门重新核查账务，结果才发现是那个通讯员的敷衍所致！

通讯员抱着敷衍工作的心理，对工作马虎粗心，给这家公司惹来了麻烦，幸好没有造成损失，解释清楚就可以了。然而很多时候由于敷衍了事、马虎粗心所造成的损失是无法补救的。

因此，我们必须要精心工作，杜绝敷衍了事。抱着非做成不可的决心、抱着追求尽善尽美的态度，这是成功者的必备素质。在生活中，无论做什么事，如果只是以做到"尚可"为满意，或是做到半途而停止，那么绝不会成功。

成功者和失败者的区别便在于：成功者无论做什么事情，都力求达到最佳境地，认真仔细，丝毫不会放松；成功者无论从事什么职业，都不会轻率疏忽，而失败者恰好相反。

工作的质量往往会决定生活的质量。在工作中你应该摒弃敷衍了事的心理，严格要求自己，能做到最好，就不能允许自己只做到次好；能完成百分之百，就不能只完成百分之九十九。这样不但能使你不再敷衍，更有助于你改变拖拉的习惯。

2.

精心计划，合理安排工作时间

美国著名的成功学大师卡耐基曾经说过："计划并不是对个人的一种束缚与管制，必须做什么或不应该做什么并不是由计划决定的，而是由我们面临的不断变化的外部环境所决定的。""凡事预则立，不预则废"，要高效做事，就要养成事前多做计划的好习惯。

看看职场中的很多人，他们一天到晚都很忙，并且常常加班，为何非得加班不可呢？那多半是由于时间管理拙劣所致。

你若想成为一个工作高效的人，就需要精心计划，合理安排工作时间。你得计划一下，突破一项任务需要多长时间，什么时候进入管理实践，向内行学习。你若以搞发明创造为目标，就得在学习科学理论、向他人求救、动手制作、实验等几个领域分配好时间和精力。

正如培根所说："选择时间就等于节省时间，而不合乎时宜的举动则等于乱打空气。"没有一个明确可行的工作计划，必然浪费时间，要想高效率地工作就更不可能了。

李开复先生在他的著作《做最好的自己》里头，曾写到一则让他很羞愧的往事：

李开复念大学时，该大学法学院院长想要为该院的成绩查询系统设计一套新软件，以便和旧的系统接轨。本来想要委托校外的软件设计公司执行，但听说李开复是个程序设计高手，于是就请他利用暑假时间来做这个设计，并付给他报酬。

李开复很开心，这样简单的要求，根本难不倒他，满口答应："我八月初就可以大致弄好，开始运行，到九月开学时，一定可以正式运作。"

由于李开复认为此事很容易，于是并没有马上开始设计工作，一放假先昏天黑地地和同学打了三个礼拜桥牌，开始工作后才发现，事情没有他想的那么简单，有许多烦琐的东西要处理。院长问他做到哪里了，他改口说："八月底可以大致弄好，应该不妨碍开学以后系统的运作吧。"

院长发现他的设计工作前期进度很缓慢，大为恼火，说自己根本不该把这么重要的事交给一个学生，马上叫他不要做了，请校外的公司接手。

李开复马上低头认错，并且把已经收到的报酬还给院长。院长并没有要他还，只是告诫他，希望他从此事中得到教训。

李开复由于没有合理安排工作时间，导致完成不了工作，让院长大动肝火。如果李开复每天白天工作六小时，然后开心地去打桥牌，也许他能按时完成设计工作。合理安排工作时间非常重要，如果做一件事，一开始进度就慢了下来，老板对你是绝对不会有信心的。

美国的时间管理之父阿兰·拉金说过："一个人做事缺乏计划，就等于计划着失败。有些人每天早上预订好一天的工作，然后照此实行，他们是有效地利用时间的人。而那些平时毫无计划，靠遇事现打主意过日子的人，只有'混乱'二字。"一个人要提高自己做事的效率就要养成精心规划的好习惯，避免眉毛胡子一把抓。

工作的有序性，体现在对时间的支配上，首先要有明确的目的性，很多成功人士都指出：如果能把自己的工作任务清楚地写下来，便能很好地进行自我管理，同时使得工作条理化，个人的能力得到很大的提高。

只有明确自己的工作是什么，才能认识自己工作的全貌，防止每天陷于杂乱的事务之中。明确的办事目的将使你正确地掂量各个工作之间的不同侧重点，弄清工作的主要目标在哪里，防止不分轻重缓急，耗费时间，又办不好事情。

另外，明确自己的责任与权限范围，还有助于摆脱自己的工作与上下级的工作以及同事工作中的互相扯皮和打乱仗现象。

填写工作清单是一种明确工作目标的好方法。

首先，你可以找出一张纸，毫不遗漏地写出你所需要做的工作。凡是自己必须干的工作，且不管它的重要性和顺序怎样，一项也不漏地逐项排列起来，然后按这些工作的重要程度重新列表。重新列表时，你要试问自己：如果我只能干此表当中的一项工作，首先应该干哪一项呢？接着该干什么呢？用这种方式一直问到最后一项。这样自然就按着重要性的顺序列出自己的工作一览表，其后明确该如何去做每一项工作，并根据以往的经验，在每项工作上总结出你认为最合理、最有效的方法。

在制订工作计划的过程中，我们不仅要明确自己的工作是什么，还要明确每年、每季度、每月、每周、每日的工作及工作进程，并通过有条理的连续工作，来保证以正常速度执行任务。

为日常工作和下一步进行的项目编出目录，不但是一种不可估量的时间节约措施，也是提醒我们记住某些事情的手段。可见，制定一个合理的工作日程是多么重要。工作日程与计划不同，计划是对工作的长期规划，而工作日程是指怎样处理现在的问题。有许多人抱怨工作太多、太杂乱，实际上是由于他们不善于制定日程表，无法安排好日常工作，有时候反而抓住没有意义的事情不放，难免就会被工作压得喘不过气来。

精心计划，注意快慢适度，合理安排工作时间。我们应该掌控好自己的节奏，高效地运用每时每刻。对每个渴望成功的人来说，时间是最重要的资产，每一分每一秒逝去之后就再也不会回来，成功的关键就在于如何有效地利用你的时间。

珍惜每一分钟，最大化时间的价值，几乎是每一位成功者必修的一课。精心计划，合理安排工作时间，才能保证做事的效率。

3. 勤于学习，才能精益求精

在工作中，有很多员工本来有扎实的基础，但是疏于学习，不求上进，最终使自己走向平庸。相反，另外一些人，刚开始在工作中表现并不十分出色，但是因为他们有强烈的求知欲，勤于学习，不断进取，凡事都追求精益求精，结果这些人在事业上取得了很大的成功。

身在职场，应该把任何工作都做得精益求精，不然你就一定会被淘汰。而要把工作做得精益求精、尽善尽美的前提是你要有丰富的知识，高超的本领。成功往往与精确的行动有关，那些对工作不能深入了解的人只能导致很高的错误率。凡是成功者，都是在工作中勤于学习，不断为自己充电，不断提升自己的员工。

因此，我们要努力做到勤于学习、善于学习，勇于实践、敢于创新。如果你想成为职场的精英，就更需要发奋努力，刻苦学习，把自己早日变成一个完美无缺的人。我们勤于学习意味着不仅要把学习作为掌握知识、增强本领的重要手段，更要把学习作为一种工作责任、一种精神追求、一种思想境界来认识、来对待。

常言道：人过三十不学艺。可是，近几年来，年过半百的李世清却刻苦啃起爆破业务书籍来。

李世清20世纪50年代初毕业于天水铁路工程学校。在长期从事铁路施工中，亲身经历和目睹人工凿除旧基础的苦衷，不仅劳动强度大，而且工效很低。于是他产生了怎样用微量控制爆破技术来减轻工人劳动强度，提高工效的念头。但苦于所学专业不对口，自己现有知识远远不能适应四化建设的需要。因此，虽年纪大，体弱多病，但他仍然踏上了艰苦自学的征途。

为了尽快地学习掌握微量控制爆破的专业知识，他白天在施工现场和工人们一起干，晚上，就抓紧时间自学爆破理论，翻阅有关资料。下工地时，就把书籍、资料带上抽空学，常常端着饭碗还手不释卷。

上了年纪的人，论读书学习，毕竟不如年轻人。可他自学时，却有一股人老不服老的拼命劲。常常对一段教材，一个数据要看几遍、十几遍；算几次、几十次，直到理解熟记为止。

有一次，他为了查验一个数据，反复翻阅了十几本资料，汗水浸透了面前的一大堆稿纸，实在太累了，想起身稍休息一下再干，可腿麻木得失去了知觉而站不起来，眼花得连什么东西也看不清楚。老伴忙过来将他扶上床心疼地劝说道："老李啊，你已经是五十出头的人了，干不了几年就要退休了，像这样没日没夜的怎么行呢？"李世清稍事休息，语重心长地说："老张啊，咱们是老同学、老同事，又是老伴，你还不理解我？当前国家搞四化建设，要渡过难关，这正是需要我们出力卖劲的时候。知识分子有了用武之地，难道我们能袖手旁观吗？"妻子深深知道丈夫的为人，她虽嘴上那么讲，但心里和行动上总是默默地支持着丈夫的事业。她除了搞好本职工作外，六口之家的生活完全由她操劳。不仅四个孩子都能考上大学，有她的一份辛劳，而且，对丈夫准确无误地掌握各种爆破技术数据，她也付出了支持的汗水。

不了解李世清的人，总嫌他窝囊，不像个知识分子；了解他的人，都知道他是一个不爱讲究、和蔼可亲，为了事业成天闲不着的人。不少好心人常常劝道："李工，你这么大年纪，成天忙得团团转，不能和年轻人比呀，还是多休息会儿，保重身体要紧哪！"对此，他总是嘿嘿一笑，没有掌握先进的技术知识，没有适应工作的真本领，为社会主义建设多做贡献谈何容易？李世清就是在这种思想的指导下，凭着顽强的刻苦精神，在自学的道路上拼搏。

1980年以来，他先后自学了弹性力学、爆破力学、岩土力学、地震学引论，系统地学习了高等数、理、化等国内外有关书籍，写下了几十万字的读书笔记。

功夫不负有心人，在初步掌握了爆破基础理论的基础上，他大胆地将所学得的知识用于实践,边学习,边试验,边摸索,在失败中找教训,在波折中找成功之路。经过刻苦努力,他采用各种先进的爆破技术先后解决了路内外、省内外爆破难关三百多项。

1986 年 4 月,他参加了全国爆破力学学会,发表了《高温爆破论文集》。他先后撰写的十四篇论文,分别在全国、地方和路内有关学术刊物上发表,并取得了郑州铁路局、湖北铁道学会颁发的自学成才证书,铁道部授予他"自学成才积极分子"称号。

我们时常会说书到用时方恨少,其实学习就是一种积累,没有平时的日积月累,就没有用时的得心应手。很多时候我们会认为知识可以从书本中摄取,殊不知,到实际工作的应用又是另一回事了。许多问题往往不是单单用条款清楚明确可以断定的,那么此时向老同志学习,向同事请教,便是一个很好的获取知识的途径。正所谓"学海无涯",学习是终身的事,不学习就无法适应时代的要求,就连工作也无法承担,"活到老学到老"这句话还是要好好牢记。

南昌南车段的检车员刘发根,刚参加工作的那一段时间也经历过困顿:他发现自己在学校学到的知识和实际业务有很大差距,甚至有很多的零部件都不认识。"纸上得来终觉浅,绝知此事要躬行",刘发根自我加压,强化在实践中的学习和训练。

于是,在业余时间里,刘发根经常一个人来到沙北编尾的站修所里,一个人反复钻研:拆解报废车辆的零部件、再装好、再拆下、再装好;对那些陌生而繁多的零部件,他就用粉笔把名称写在上面以便记得更清楚。

为了增加自己的专业知识,他给自己定下了严苛的学习计划,所有的业余时间都投入其中,十几本规章制度,7000 多道技术业务题……摞起来足有一尺多厚的资料。整整三年,他书不离手。

为了苦练技术,在气温高达四五十摄氏度的训练场上,他几乎在玩命般地反复练习,汗水使他的衣服没有一根线是干的。有时练久了,小腿像筛糠一样地抖个不停,吃饭时手抖得菜都夹不起来。

一段时间过去了，又一段时间过去了，刘发根终于对车辆检修技术有了整体而全面的掌握。

2005年，首届全国铁道行业技能大赛。刘根发以26秒的好成绩，技压群雄，刷新了保持20年的全国纪录，获得货车检车员全能第一名桂冠，成为货车"快速修"的明星！

而此时，他参加工作才刚刚满4年！

为什么刘发根能在短短4年之中取得如此优异的成绩？"我不比别人聪明，要比别人做得好，就只有别人做一遍，我做两遍三遍，别人做两遍，我就做四遍五遍。"这就是执著的力量。

刘发根以优异的业绩成为全国五一劳动奖章获得者、铁道部火车头奖章获得者、全国技术能手。

只要看一下刘发根的手指甲，就可以知道成功背后的磨砺了——10个手指甲形态各异，与众不同：三角形、菱形、圆形、方形，每个指甲都镶有一道黑圈儿……然而这却是巧手匠心的最佳写照，刘发根通过不断地学习，精益求精，不断提升自己，告诉了我们成功的可能性及其凭借。

"九层之台，起于垒土；千里之行，始于足下"，事业的收获，是来源于点点滴滴、日积月累的付出。总在嘲笑别人愚笨的人，往往才是最愚蠢的。

现实中常有这样一些人，他们往往不肯把事情做得尽善尽美，只用"足够了"、"差不多了"等来搪塞了事。由于他们没有把根基打牢，没有注重学习，所以过不了多久，他们的工作便会像一所不牢固的房屋一样倒塌。勤于学习，以精益求精的态度去做事，可以使你的才能迅速提高，学识日渐充实，而且可以逐步胜任其他更重要的工作。

我们只有勤于学习，才能不断丰富自身的修养，才会让自己在职场中如鱼得水。工作中处处是知识，只要我们善于发现知识，勤于学习，那么精益求精、提升自我自然就不在话下了。

职场中勤于学习是不断充实自己，有效指导工作的前提。知识的无限性，认识的局限性，执行的偏理性，决定了加强学习的重要性。人固有的知识是极其有限的，在各项工作中都会遇到新情况和新问题。我们要勤于学习一切新的理论知识，不断用新知识、新观念武装自己的大脑，使自己在工作中能够游刃有余。那么怎样做一个勤于学习的人呢？

首先，勤奋好学就必须解决学习动力问题。学习是件刻苦的事情，作为一名职场人，我们真的要有“头悬梁，锥刺股”的刻苦精神，要有滴水穿石、持之以恒的毅力，要有如饥似渴的自觉行为，否则让学的不努力学，让干的不会干，该会的还是不会，做好工作就成为一句空话，就会辜负领导和同事对我们的期望。

其次，学以致用是有效解决“本领恐慌”的捷径。职场的我们要勤于学习专业知识、工作理念，先别人一步真正掌握。只有熟记于心，融会贯通，才能提高自己的理论水平，确保工作方向不出偏差，开展工作才能够得心应手，事半功倍。

勤于学习，才能精益求精！朋友，还等什么呢，放下你高傲的姿态，勤于学习吧！相信成功就在不远处等你。

4. 精心工作，止于至善

“精心工作”就是要对待工作认真负责，一丝不苟。杜绝敷衍了事、随遇而安的工作方式。在工作中，每一名员工都必须有严谨的态度、严谨的习惯。要标准精确化、工作深入化和细致化，要杜绝“低标准、老毛病、坏习惯”，反对“马虎、凑合、不在乎”。“止于至善”就是工作的不断完善，不断提高。

精心工作，止于至善，工作要细致严谨，一丝不苟。只有精心对待工作、用心对待人生，才能取得扎扎实实的成效，收获硕果累累的人生。

周杰是一个不允许工作中有瑕疵存在的人。他是江苏京沪高速公路有限公司宝应收费站的一名普通水电工，一个原本只有高中文化的人，能成为一名拥有本科学历和国家知识产品专利证书的高级工、全国五一劳动奖章的获得者，其信念和作为可见不凡。仅从如下一例就能透见周杰的做事风格：

2001年，周杰发现站里的三项用电有用功上不去，每个月都要被罚几百块钱。对这种事情，一般人通常睁一只眼闭一只眼也就过去了，就像有人所说的："反正电是公家的，钱多钱少也不要你来负担，你自己进行调整不是自找麻烦吗？"但周杰却不这么认为。

在他看来，事情虽小，然而大事业都是由很多具体的小事组成的，正如再复杂的机械也是由一个个基本零件构成，小问题假以时日也会有足够影响，而小改善积累起来则也会成效显著。解决一个个别人不在意的小问题，不但是自己能做到的，也是应该做到的，它具体体现了一个人的价值。

经过反复钻研实验，一个个问题在他手里得到了改进。

周杰的成果远不止这些。通过他的研制和改造，收费站的用电有用功率达到了90%以上，比原来提高了60%左右；他为站里研制安装了节电设备，使站里的用电量与往年同期相比节约20%；他研制成功并获得了国家知识产权局颁发的产品专利证书的一种具备声、光、电话语音三种报警功能的高速公路电缆防盗报警器，自2006年在京沪江苏段推广以来，已成功制止40余起偷盗电缆事件，为国家避免经济损失近百万元……

精心工作有赖于工作的精心谋划、悉心落实。精心工作，既是一种务实的工作态度，又是一种具体的工作方法，与"五心十六字"工作理念中"真心、用心、细心、小心、全身心"和"精细"的内在要求是相一致的。

《大学》认为，"大学之道，在明明德，在亲民，在止于至善"。同理，在工作上我们也要力求尽善尽美，能做到最好就不要做到够好。我国著名外科医学奠基人裘法祖也说："做人要知足，做事要知不足，做学问要不知足"。对待工作，对待事业，我们应该永不满足。

朴春生是锦西炼化的机泵维护专家，他爱“较真儿”也是出了名的，无论是多小的零件或多小的问题，他都得研究个透，设备运转和工作制度，都要一丝不苟地执行。

厂里的蒸馏装置的机泵90%以上都在高温状态下运行，机泵冷却系统的橡胶密封圈在高温下极易老化而失去密封作用，经常出现泵盖冷却水泄漏问题。要进行修复，就必须对设备全部解体，可机泵大多数都使用波纹管密封技术，每次检修都要更换波纹管密封件。这对朴春生而言是个心病——他不能允许有这样的瑕疵存在。

经过反复研究，朴春生提出把泵盖做改动，用耐热巴金垫替换橡胶圈。机泵厂家的专业设计人员拿到朴春生的改动方案后，惊奇地说：“你们锦西炼化真是有高人，这个设计完全可以报专利。”按照朴春生的设计，厂家生产的新泵很好地解决了冷却水泄漏的问题。可新的问题又来了，如果全部更换新泵，那企业花的钱将不是几万、几十万元的小数目。朴春生再次挑起重任，很快他又拿出在原泵盖上进行改造的方案。他先把泵盖进行堆焊，然后再进行车削加工，这种改造既经济又实用，很快就应用到同类型的所有机泵上。

朴春生对设备有严谨细致的管理办法。他把每个装置的设备都作了一本账，每台设备都设一张卡，通过这一账一卡随时就能查出每台机泵的修理次数和故障原因，有了这个“病历”，维修人员很容易就能对症施治。

对设备如此，对人也一样。朴春生当了维修一班班长后，他的较真儿劲儿又用到班组管理上。他接手这个班的时候正是企业重组改制初期，班组成员大都是20多岁、思想活跃的年轻人，维护经验少，维护水平低就成了这个班组最大的难题。

朴春生打出的第一拳是加强劳动纪律。他推出10条规定和经济考核细则，以身作则，对违反纪律的班员该罚多少就罚多少，一点儿也不手软，一点儿也不讲情面。第二拳是实行工时制，改变过去干多干少一个样的局面，充分体现多劳多得的分配原则。在维修车间实行工时制，朴春生可算是锦西炼化第一人。

第三拳是强化学习制度，建立学习室，只要有时间，就给班员灌输业务知识。工作中，有意给年轻人压担子，逼着年轻人多学技术。三拳打出，班组的工作效率、整体素质和设备维护水平有了很大提高，成了维修车间最过硬的班组。

朴春生说："干什么事都得要有个认真劲儿，认真做了才会有收益。"就是凭这股较真儿劲儿，他自己连同所带领的团队凭着严谨细致的作风出色地完成了一个又一个任务，本人也成了全国劳模，多次被评为锦西炼化优秀党员。

当你在寻找自身发展机会的时候，永远不要对自己说："对于这项工作，我已经尽力了！"

请学会在平凡的工作中去坚持做好自己的工作，并力求至善至美。

精心工作，止于至善。现在你要做的就是，踏踏实实地去做你眼前手中的工作，珍惜、珍惜、再珍惜；敬业、敬业、再敬业！任何时候，不管你做着一份怎样的工作，要时刻记住：要精心去做，并想办法比别人做得更好！这是员工良好职业道德的重要方面，也是员工取得成绩的有力保证。有了这样的敬业精神，你难道还担心自己不会成功？

中篇

下班后舒心生活，尽情享受生命的恬静和优雅

周国平说："伟大、精彩、成功都不算什么，只有把平凡生活真正过好，人生才是圆满。"这才是看透生活的智者对于人生最为精准的了悟。没有什么比生活更重要，无论多忙，都要留一点儿时间给自己，煮煮茶或咖啡，修剪一下植物，精心烹调一桌美食，听一段轻柔的音乐，看几本杂志，舒适地睡一觉，写写字，散散步，和爱人共享甜蜜的一刻，和孩子嬉戏，和父母聊天，和朋友对弈……这才是最重要的。

第七章　舒心生活,享受家庭的温暖和幸福

歌德曾经说过:“不论是国王还是农夫,谁在家里找到了安乐,谁就是最幸福的。”家是每一个生命最甜蜜的港湾,是每一个心灵永恒的避难所。家是温馨,家是甜蜜,家是深情,是我们无论走多远都要回去的地方,因为那里有我们的父母、兄弟和姐妹,还有妻儿,因为那里有我们美好的记忆和想起来时抑制不住的感动。因此,让我们尽情地享受家庭的温暖和幸福,让我们的生活更加舒心吧!

1. 家是我们永恒的温馨港湾

有人说,家是温馨、宁静、安全的港湾;也有人说,家是清新、甜蜜、丰润的田园;还有人说,家是远方游子日夜漫长心灵的牵挂,是温暖的源泉;更有人说,家是一首浪漫的歌,吟唱的是家人甜蜜的爱,是一个美丽的梦,描绘的是家人的和睦和幸福;是一栋温暖的草屋,让每一个家人在这里倾情释怀,享受生命璀璨。

是啊!家是我们永恒的温馨港湾!家给我们的不仅是生活上的满足,物质上的需求,更给了我们精神的慰藉。无论我们走到哪里,回首遥望的是家,期待回归的也是家。对于每一个人来说,家是出发的起点,也是最后的归宿。也许当我们为实现自己的梦想而在外面打拼的时候,会暂时没有家这一概念,可我们内心深处,总会有一根线牵扯着。家是温馨,家是甜蜜,就是我们无论走多远都要回去的地方,因为那里有我们的

父母、兄弟和姐妹，还有妻儿，因为那里有我们美好的记忆和想起来时抑制不住的感动。

家是唯一不需要戴面具可以随心所欲的地方；家是唯一真正尽义务不需要回报的地方。家是相互平等的，只有老幼之分，没有领导和被领导，没有上下级。家有你的爱、家有你的牵挂；家有你的义务、家有你的责任；家有你的幸福、家有你的快乐……

家是需要家人的维护，才能更温馨，更美丽。许多年后我们才会知道，家虽说是诉说情感展现自我的地方，可在家也得多为家人想想，也就有了将外面的包袱放下，带着轻松回家，让家人感觉到你的快乐，也使得家人愉快起来。

有一个白手起家的企业老总，在创业中克服形形色色困难的原因就是为了走出那个祖祖辈辈居住的小山村，他带着出人头地的梦想，义无反顾地踏上了征程。外面的世界并非如他头脑中想象的那样，他总是要受别人的气，看别人的脸色。从一个身无分文的打工仔到一个腰缠万贯的企业老总，他经历过太多的磨难和挫折。这么多年以来，他养成了一个习惯，就是每当心情烦躁或焦头烂额时，总会给父母打一个电话。

父母只是老实巴交的农民，也许分析不清这些让他为难的事，也不能给出解答方案，其实他并不会告诉父母自己具体遇到了哪些困难，只想和他们随意地聊聊天。每当话筒里传出父母朴实关切的话语时，总能让他找到一种安慰和幸福，也得到一种鼓舞和力量。

在刚开始运作公司时，资金、技术、市场、人员等一系列的问题都需要他独自解决，那时，孤独和无助经常会阵阵侵袭而来。创业的艰辛没有让他掉下一滴眼泪，父母关切的叮咛却让他泪流不止。

一次，他给父亲打电话，随口说出了自己所在的城市刮了一周的六级大风的恶劣天气。老父亲说："要是太辛苦，就回来吧。"这时，他的眼泪再也忍不住了，决了堤似的不可收束，压抑了许久的情绪随着眼泪汩汩而下。他明白父亲的心，父亲是怕自己在外面受太多委屈，苦了自己。但也是这句话更加坚定了他的理想，他想：热血男儿总是应该有自己的事业，父母正在一天天老去，他们吃了一辈子的苦，艰辛了一辈子，我应该创出属于自己的一片天空，待父母年迈时，可以来此避雨取暖。

创业的艰辛总在父母的温情中淡化，感觉到累的时候只要想起父母苍老的容颜，就能重新找到前进的动力。一次又一次，帮助他坚定了信念，走向了成功。

失意的时候，我们第一个想到的就是家，就是那个永远也不会把我们拒之门外的家。在那里，我们可以洗去尘世的铅华，脱掉身上的伪装，安闲自在地品一杯清茶，或者跟兄弟姐妹、亲戚朋友悠闲地谈天说地，还可以坐在母亲跟前梳理她那干枯的白发。

家是孩子们的港湾，是成人们歇息的港湾。在家里可以放松地表现出真实的自我。这个地方不大，却有着母亲般的情怀，能容纳家人的欢笑与泪水，能包含家人的过失与成功，更能让你的心每天以崭新的感觉迎接新的一天。

远洋的巨轮，迟早要驶回平静的港湾，流浪的人儿总有一天要回来，离家的人们，早晚要回到温馨的家庭。工作再忙，生活再累，只要心中有片温馨的家园，才能在劳碌的空间，回到家园休息，以迎接新的黎明。

2. 孝敬父母，常回家看看

“找点空闲，找点时间，领着孩子，常回家看看……老人不图儿女为家做多大贡献呀，一辈子不容易，就图个团团圆圆……”一首《常回家看看》常常唱得老人感慨万千，唱得年轻人怦然心动。回家看看本是很平常的事,却引起那么多人的共鸣,也道出了一个应该引以关注的话题。

现有许多年轻人提倡与老人分开居住,让七老八十的老人家自己生活,虽说是每月给了充足的生活费用,也少了许多争吵,平时也就不大理会他们。但大部分父母亲要的不是这些,做父母的不就想子女孝顺和睦,一家人团团圆圆吗? 儿女对父母关爱,就是对他们最好的回报,多抽点时间陪他们,已经胜过物质的享受。

有这样一个真实的故事:

故事中的老人是一位很富有的儿子的母亲,她状告自己的儿子"不孝",并在诉状中这样请求判令儿子:

(1)每月至少要5天到老人的房子里居住;

(2)每个周末带孙子到老人身边来,一起吃饭、说话;

(3)平时多打电话问候。

当总经理的儿子实在太忙,调解时没能达到老人的预期目的,老人竟用生命向儿子抗议。在老人生前住的屋子里清理老人临死前焚烧的灰烬时,人们惊奇地发现了几十张未燃尽的人民币百元大钞残片,几十件面料考究的衣服碎块。另外,在老人的遗物中,还有成箱成箱没喝完的脑白金、蜂王浆等高级补品,以及成色极佳的金戒指,金耳环若干……

而这些都是她那个所谓"不孝"的儿子给她买的。

孝敬父母,不但要很好地承担对父母应尽的赡养义务,而且要尽心尽力满足父母在精神生活、情感方面的需求。特别对年迈的父母,更要精心照顾,耐心安慰。就说现在城市里的大多数老人,虽然儿孙满堂,在生活上不愁吃穿,不缺钱花,但是孩子因为工作的缘故几乎都不在身边,平时恐怕很少见面。所以,在他们的感情上最渴望的是能与所有的亲人团聚。这种需要,是任何物质所代替不了的。作为子女,应该尽可能抽出时间去陪陪父母。要记住,父母正在盼着你回家。

老王夫妇都是某研究所的研究员,他们唯一的儿子现在美国定居,并娶妻生子。提起儿子,他们总是那么激动:"他特懂事特孝顺，知道我们惦记着他，老往家打电话写信，逢年过节一定寄张贺卡回来。其实寄钱寄物倒不需要，报个平安我们也就踏实了。”

看来做父母的对孩子的要求从来都不曾高过，一个电话，一次相聚，就让他们由衷地感到了幸福。

随着职业竞争激烈、生存压力增加，一方面，现在的子女不得不拿出更多精力参与社会竞争；另一方面，随着居住方式转变、社会流动性增强，父母更依赖子女的情感交流。一个忙，一个闲，一个没时间陪，一个要人陪。于是，有了父母对子女的抱怨：含辛茹苦把孩子养大，到自己老时，孩子却疏远甚至开始冷落自己，反倒是我们主动打电话给子女，嘘寒问暖。因此有人认为，传统意义上的“孝子”，20 年前开始越来越少，经济越发达的城市，“孝子”越少。而做子女的，也一肚子委屈：“人的精力是有限的，要应对的事太多，工作压力、孩子教育常常已经让我们焦头烂额。父母的事我们也常挂念着，在把他们排在一些要紧急处理的事后面时，心里也很愧疚。”中国人民大学的穆光宗先生对孝道更有一个很现实的评价：在现代社会，要做孝子非常不容易，因为成本非常高。

与中国的现状相比，美国的青年在孝敬老人上因为社会环境的不同，相对而言轻松了许多。在美国，子女和父母之间的关系是显得比较“理性”的。这一方面是由于美国人很小就有了独立的意识，这种意识不仅影响到与父母的关系（不愿过多依赖父母，从而也减少了与父母共生的程度），也影响到与子女的关系（美国老人有着很强的自尊心，他们爱好独立的生活，并且觉得依赖子女是可耻之事）。另一方面，由于生活压力较大，年轻人的绝大多数精力都要用在工作上，工作变动往往也比较大，经常是从国内跑到国外，从这个城市跑到那个城市，与父母在一起的时间比较少，而且往往是距离很远，想尽孝也不易。

还有一个客观因素。美国的社会保障制度比较完善，老年人不仅有社会保险福利这一重要的生活来源，还可以早早参加养老金计划，储蓄存钱，参与投资，为养老做好准备。因此，美国人虽然在银行存钱不多，但在股票市场、养老基金和共同基金等方面的投资相当大，从而为自身的养老打下了比较稳固的经济基础。由于经济相对独立，就无须“养儿防老”了。

不仅如此，美国人的退休生活也相对比较丰富，这也使得子女比较放心老人的生活。据调查，在物质上衣食无忧的美国老人，很多都选择回“学校”上学，还有一些人则选择了旅游，也有一些人选择了继续工作，通过积极参与社会生活，发挥创造力以赢得“人生的第二个春天”。

应该指出的是，由于这种亲子关系已成社会“风尚”，大多数人都能够接受现实，很多人从年轻时就开始做好养老的准备。但是，如果一味追求美式的“潇洒”生活，就会给中国老人带来很大的伤害，毕竟，他们为孩子付出的要比美国家长多许多，对子女的期待也远远高出外国老人，而在心理上也缺乏亲子关系疏远的准备，我们的社会保障体系也远不如美国完善……如果我们也像一些美国青年那样做，对父母是不公平的，良心上也说不过去。所以，在这里提倡的是尽力而为的精神，并提出一些简单的建议来供参考：

(1)老人多活动是好事。有些人认为，让老人多休息，不让老人忙事务，这是对老人的一种孝心。其实不然，生命在于运动，人到老年，忙一些家务活，等于锻炼身体。老年人应该经常活动，不要闲着不干事情，否则身体的毛病都来了。

(2)生活环境问题。为了让老人享福，把老人接到城市里去居住，认为城市条件好，老人生活起来会高兴，可是老年人一般不愿意离开自己原来的生活环境，他们有个人的生活规律，离开原来的生活环境，就会打乱他们的生活规律，加上城市里邻居之间交往少，儿女上班忙，让老人整天待在屋里，长时间对身体健康不利。

(3)营养方面。有的人希望老人吃好，经常买些鸡鸭鱼肉之类的食品回来孝敬老人。可是老年人对吃荤菜不太喜欢，他们对吃喝等物质享受方面要求不高，因为，老年人对高脂肪之类的食品消化不了，不少还患有高血压、高血脂、冠心病等心血管方面的病症。应该多吃些素菜，以清淡饮食为主对身体有益。

(4)部分人认为，只要经常给老人一些钱物，就是对老人的孝心。虽然给钱给物比较重要，但是对老人的精神安慰更为重要。平时有空闲时间，节假日常回家陪老人聊聊天，叙叙话，老人过生日的时候，别忘记回来祝寿，家中遇到喜事要向老人来报喜，人逢喜事精神爽，人到晚年，怕的不是辛苦忙碌，而是不愿孤独寂寞。对子女要求主要不是物质上的帮助，而是精神上的慰藉。

(5)尊重问题。不少人认为，只要尽力满足老人提出的要求，就是尊重老人。对于这种情况要具体问题具体分析，不能一概而论，不能盲目服从。对于老人提出合理的、切合实际的要求，子女要尽力去满足。对于老人提出不合理的、不切合实际的要求，要尽力去劝说和解释，不必完全听从。

(6)建立父母的健康档案。人上了年纪，身体难免会有些问题。此时，如果子女能够陪父母每年体检一次，并建立父母的健康档案，相信会让父母心里暖呼呼的。

(7)记住一些特殊的日子，并及时送上问候与祝福。比如要记住父母的生日，结婚纪念日等。

总之，孝敬老人要根据不同的特点和需要采取不同的方式。但是要防止片面性，如果只考虑自己尽孝心，不考虑老人是否乐意接受，就达不到孝敬老人的效果。这里所提倡的是一种既相互尊重，又相互平等和睦相处的家庭亲情关系。

3. 营造和谐的夫妻关系

两个人能够结成夫妻是一种缘分，夫妻双方都应该珍惜。当初你接纳对方成为你的另一半时，就意味着接纳了婚姻，也必须是接纳了对方的一切。在现实生活中，要想婚姻美满，你就必须强迫自己尽量忽略对方的缺点，发现对方的优点，用一颗包容的心对待对方，这样可以消除婚姻的“阴影”，让你的婚姻生活和谐美满。

和谐的夫妻关系能维护一个家庭的安定团结，保障社会秩序的正常运转。夫妻双方生活在一个心舒气泰、和睦相处的环境里，是一生的幸福。大后方稳定了,中流砥柱坚实了,我们就能放心地去追求理想。试想,这样还有什么事情我们能做不好呢?

夫妻关系如此重要,究竟如何和谐相处呢?以下 6 种策略也许会让你受益匪浅。

(1)关心:没有人能够拒绝

爱起源于关心,婚姻的保养更离不开关心。关心在婚姻生活中像阳光与水一样不可缺少,可以说,没有了关心,婚姻就会变得一片荒芜。

夫妻之间彼此都希望自己能在对方的心中占据最为重要的地位,关心的程度正好表现你对对方的重视程度。经常找时间打个电话给对方,关心地问候一句:“工作辛苦吗?”又或者发短信给他:“天气凉了,请加衣。”这些关心未必有实际用途,但起码能令对方暖在心头。

关心体现了你对另一半的牵挂,对另一半的关注重视。关心,有时仅仅是细微的一句话,就可以拉近夫妻之间的感情。

(2)包容:消除婚姻“斑点”的灵丹妙药

俗世夫妻,食的是人间烟火,谁也不可能完美无缺,只要不是原则性的大问题,就不要求全责备。对方无意间带给你的小小伤害或不悦,打个哈哈就过去了。

(3)尊重:夫妻和谐的基础

尊重,是产生爱情的根源,是夫妻和谐的基础。恋人间没有相互尊重就不可能拥有真正的爱情,夫妻间没有相互尊重也就无法建立幸福美满的家庭。相互尊重是幸福婚姻中不能忽视也不可忽视的因素,要想使家庭幸福、婚姻美满,夫妻之间就必须学会互相尊重,不能盛气凌人,更不能轻视对方。

只有当你以一种平等的眼光看待爱人,把自己和对方摆在同等的位置上,不轻视、不压迫、不伤害、不利用爱人时,才能说你给了对方基本的尊重。尊重,是爱的体现,只有尊重才能还原爱的本质。

(4)信任:不给猜疑半点机会

夫妻之间最难得的是信任,而最要不得的是猜疑。建立一个幸福家庭需要两个人的共同努力,而毁了一个家庭却只需要一个人的猜疑。

几年前,电视剧《不要和陌生人说话》曾一度风行,里面的男主角就总对女主角疑神疑鬼,他把女主角看成了私人财产,严厉地干涉对方的社交活动和个人自由，最后使得原本很爱他的女主角装病逃跑，一个家庭破裂了。这个例子虽然比较极端，但也说明了一个问题：你的多疑会让对方产生逆反心理，进而厌倦你。当你自以为是地猜疑对方时，其实是在谋杀自己的婚姻。

生活中难免会遇到一些引人误解的事，这时两人应该相互信任，心平气和地把话说开，不要胡乱指责。被误解的一方也不要觉得受了委屈就不依不饶，你要理解爱人对你的感情——爱之深，责之切。用行动用语言向他（她）证明自己的清白，没有什么误会是解不开的。

（5）分工：明确分工，切断矛盾的源头

在你家里，谁来付账？谁倒垃圾？谁洗碗？谁做财务决策？谁做饭？谁安排度假？谁给孩子换尿布？谁洗衣服？谁参加家长会？如果你们不商量这些事情，并且做出明确、一致的分工，它们可能会成为你家庭不和甚至矛盾的源头。

在夫妻之间，未经讨论的职责通常会落到我们所谓的“传统”角色上。但是，传统是什么？如果你生长在一个父亲管账的家庭，而你的配偶却生长在一个母亲管账的家庭，问题就可能变得非常棘手。如果夫妻双方都忙于工作，没有时间谈，而有些“传统”的角色却不再明确时，事情就会更加复杂。因此，你们必须交流，必须阐明你们的想法。你们有必要对谁做什么、什么时候做，达成一个明确的共识。

（6）吵闹：不要因点滴小事伤害对方

小刘和小杨本来是一对最平常的夫妻，恋爱结婚都没有跌宕起伏的波折，可后来，经常为些鸡毛蒜皮的小事情，比如孩子的教育，对双方父母的态度，口角不断。最初，两人都没在意，觉得夫妻小吵小闹也没什么大不了的，哪有勺子不碰碗的？可争吵日日加剧，情绪也越来越激烈，就在这时，两个人几乎同时遭遇事业危机，心情都不好，没有彼此分担反而彼此埋怨，争吵就进入白热化阶段了。两个人开始摊开账目，细算彼此的所得和贡献，两人都不平衡！

小杨问：“人家的妻子都是丈夫养着，整天穿金戴银，只管打扮自己。我这个不挂名的主妇包揽了所有的家务，还得自己挣钱，凭什么？你知道我有多累吗？”小刘说：“你挣的那点儿钱还不够你自己花的呢，你知道我在外面有多累吗？”一来二去，两个人吵伤了心，从热战变成了冷战。

小吵小闹，不仅影响了他们的感情，还影响了他们的生活基调，两个人都感叹生活好累、好烦、好没意思！

其实，谁家能没吵过架？舌头还有碰牙的时候呢！但是不能把吵架当作解决问题的方式。夫妻间有了矛盾就应该心平气和地解决，有什么话不能好好说？下次生气时，请在心里先默数到30再开口，你会发现自己的火气已经小了很多。人就是这样，你敬我一尺，我敬你一丈！这次你没发脾气，下次他（她）也不会为了一点儿小事骂你，双方都这样互敬互让，家里又怎么会不安宁！

夫妻和谐相处同样需要智慧。很多人总是认为在自己的另一半面前可以任性而为，随意地依自己的脾气行事，其实这是一种错误的观点。

营造和谐的夫妻关系，既是一门艺术，也是一种策略，这是所有渴求真爱，渴求幸福，立志成大事的人必须学习的课程。

4. 疼爱子女，让孩子在温馨快乐中健康成长

父母爱孩子是人之常情，这对孩子的健康成长起着很大的促进作用。父母是孩子的老师，孩子的成长受父母的影响，这是人人皆知的常理。所以，应该让孩子在爱的鼓励中健康成长。

许多年前，有一个叫约翰·霍普金的教授给他教的毕业生布置了这样的作业：去贫民窟，找200个年龄在12～16岁之间的男孩，调查他们的家庭背景和成长环境，然后预测出他们的未来。

那些学生运用社会统计学知识，设计了问题，跟男孩们进行了交谈，分析了各种数据，最后得出结论：那些男孩中有90%的人将有一段在监狱服刑的经历。

25年后，教授给另一批学生也布置了一个作业：检验25年前的预测是否正确。学生们又来到贫民窟。以前的男孩，都已经长大成人。有的还在那里住着，有的搬走了，还有的已经去世了。但最终学生们还是与原来的200个男孩中的180个取得了联系，他们发现其中只有4人曾经进过监狱。

为什么那些男孩住在犯罪多发的地方却有这么好的成长记录呢？研究人员感到很纳闷也很吃惊，后来他们被告知：有一个老师当年教过那些孩子……

通过进一步调查，他们发现75%的孩子都是一个妇女教过的，研究人员在一个“退休教师之家”找到了那个妇女。

究竟那个妇女是怎样把良好的影响带给那些孩子的？为什么这么多年过去了，那些孩子还记着那个妇女？研究人员迫切地想知道这些问题的答案。

“不知道，”妇女说，“我真的回答不了你们。”她回想起多年前和孩子们在一起的情景，脸上浮起了笑容，自言自语地说：“我只是很爱那些孩子……”

爱改变了孩子们的命运，也证明了爱的力量。但是，现在许多家庭并没有注意到这一点。

国内最近有份调查表明，当今孩子的最大心愿和要求，并不是物质上的满足，有将近8成的答案竟是惊人的相同，他们对吃、穿、玩、用的东西都并不很在意，而普遍重视的却是精神生活和家庭气氛。由此可见，今天的孩子对精神的需求比对物质的需求更强烈。然而，我国孩子的精神需求在多大程度上得到满足呢？

有关专家专门就此在中国四大城市（北京、上海、广州、重庆)进行了幼儿家庭教育状况调查研究,报告表明:与10年前相比,中国家长对孩子教育的投入明显增多,每半年的购书费由16.1元上升到93元,但同时,与孩子共处时间明显减少,每周给孩子讲故事和陪孩子散步的时间,由10年前的3.4小时和9.6小时,下降到现在的2.8小时和4小时。

专家认为,孩子成长过程中主要有四大心理需要,首要的就是需要被爱与价值感。孩子需要家长的爱,被爱使孩子有安全感。爱能让孩子知道该如何去做,该怎么去做。有了安全感的孩子才能够信任别人,让孩子感觉到爱,孩子才会有自信心,才会愿意接触周围的环境,才会愿意与人交往,孩子的情绪和智能才能正常发展。

诚然,随着现代生活节奏的加快,家长们普遍感到工作繁忙,时间紧张;但是随着社会生产力的发展人们的闲暇时间也比以前要多一些,所以,工作繁忙不能作为没有陪孩子的借口,关键是家长忽视了陪孩子在家庭教育中的重要意义。

众所周知,与孩子共处能增强父母与子女之间的亲情。除此以外,与孩子共处还可以形成良好的家庭教育环境,使每个家庭成员的行为所具有的辐射性,通过耳闻目染、潜移默化,为孩子的思想和行为提供一个可以效仿的模式,以促进孩子健康成长。

我国现代著名作家老舍,平生一直坚持自己收拾屋子、擦拭桌椅;他的衣服不求考究,只求整洁;他的书稿永远摆放得整整齐齐。这些都直接得益于童年时代他与母亲共处的时光。他自己说过:“从私塾到小学,到中学,我经历过起码有百位教师吧,其中有给我影响很大的,也有毫无影响的,但是我的真正的老师,把性格传给我的,是我的母亲。母亲并不识字,她给我的是生命的教育。”老舍的母亲就是用自己平凡而朴素的母爱,影响了老舍的人生。老舍每次回忆起来,都对与母亲相处的那段美好时光念念不忘。

当然，疼爱孩子并不意味着一味地纵容和娇惯。所谓“爱之深，责之切”，所以，做父母的不应该受盲目的爱所支配，要“严”中有“爱”，“爱”中有“严”。当然，“严”并不意味着对孩子动辄训斥打骂，而是以“爱”为前提。责任感、爱心都是一个个具体的故事，而不是干巴巴的概念。

现在的孩子大都是独生子女，“一个孩子六人捧”（爸爸、妈妈、爷爷、奶奶、外公、外婆）的现象已是社会的普遍现象：有的对孩子姑息迁就，任其发展；有的只知道想方设法满足孩子的各种要求，却不懂得给孩子良好的精神食粮和思想营养。这样，势必把孩子惯坏、宠坏。孩子不可能永远被大人捧着。他们要长大，总有一天要走向社会。而社会既有晴空万里，又有雷电交加。漫长的人生道路不会一直平坦，坑坑洼洼、荆棘丛生在所难免，就看你有没有跨越的本领。现在的世界是竞争的世界，未来的竞争必将更为激烈。

言教不如身教。把对孩子的要求整天挂在嘴边，不如直接做给孩子看。陪孩子散步、给孩子讲故事、与孩子共同游戏就是家长了解孩子的好机会，也是给孩子播种良好的思想和行为习惯的好时机。不要以为让孩子上最好的学校、吃最丰盛的食品、穿最时尚的服装、用最先进的电脑、买最高档的用具就是满足了孩子的需求，其实，当孩子渐进成熟的时候，他们的精神需要也渐进成熟，他们渴望与父母相处时那融融的亲情和爱。

5．家庭幸福，天天舒心

人生活得是否舒心与家庭幸福有着密切的联系，而家庭幸福之道则在于你的配偶、子女，他们才是舒心之源。

古人云：家和万事兴，家齐国安宁。足以见得，家庭对于社会的意义是举足轻重的，对于个人而言又是不可或缺的。

有人把家庭比作社会的细胞,这是最恰当不过的。家是社会稳定的基石,是人生旅途中温馨的驿站,是人生事业的“助推器”。有成功事业没有幸福家庭的人不能称为幸福,有成功事业没有幸福家庭的人也无法生活得舒心。婚姻中丈夫与妻子应该各有各的天空,也应该给对方宽容和尊重,不过双方都需要掌握好分寸,不能因为过分注重事业而冷落了夫妻感情。

很多事业有成的人之所以生活一团糟,就是因为角色混乱。其实做老总时你可以指点江山,但做丈夫时你必须平凡随和,在两个角色的互换时要尽量做到游刃有余。每个人都希望做个好丈夫,但不是每个人都懂得怎样去做。女人喜欢当总经理的丈夫,但不喜欢天生就是总经理的丈夫。不要对她指手画脚,更不要时刻锋芒毕露,在她的亲人和朋友面前表露出一份体贴,比你在两人世界表达的一分理解要高明得多。

忍让是通向婚姻幸福的钥匙。家庭中的矛盾、分歧很少有原则性的分歧。这时能以“忍”字为先,装些糊涂,表示谦让,矛盾也就烟消云散了。不然的话,就会激化矛盾。

婚姻爱情是一本大书,是要我们用一生的时光来解读的。只要我们用心灵去探查、去理解、去解决,就必定能抓住这本书的精髓。

家庭的温馨和睦,除了要有爱情基础外,更需要男女双方的彼此尊重,彼此理解,彼此宽容。如果一个人连对自己的家庭都充满怨气,那么他在这个社会上,恐怕也很难拥有理想的事业和真诚的友谊。

歌德曾经说过:“不论是国王还是农夫,谁在家里找到了安乐,谁就是最幸福的。”生命是短暂的,而只有家是我们永恒的心灵避难所。家庭幸福,我们就会幸福,即便碌碌无为,也不枉过一生。家庭幸福,生活才会舒心。就算事业再成功,没有幸福的家庭我们也不能感受到成功的荣耀和幸福。所以,只有对事业与家庭生活同样重视的人,才有可能走向事业和家庭兼顾的成功之路。

第八章 舒心就要清心，淡泊明志宁静致远

对于现代生活来说，变化频繁，我们更要在各种变化和诱惑中懂得清心，不为名利所困。这就是“淡泊明志，宁静致远”。懂得淡泊的人是明智的，拥有宁静的人是幸福的。那么，我们为何不抛弃世俗名利，“静观庭前花开花落，闲看天上云卷云舒”呢？

1. 克制欲望，清心才会舒心

人的欲望是无穷的，就像是一个永远也填不满的无底洞，如果人们总是为了名、为了利而上下奔波，为了钱、为了权而日夜烦恼，让种种不断攀升的欲望，驱使着我们努力去工作，去赚钱，结果只能是生活节奏越来越快，钱也越来越多，但是我们也陷入了一个越来越深的痛苦深渊，到最后不仅期望的快乐不会如期到来，反而会沦为欲望的奴隶。所以，永无止境的欲望就像是一碗致命的毒药，无论谁喝了都无药可医。

《菜根谭》也说：“贪得的人，身上富有了，但人心却一贫如洗；知足的人，身上虽然贫穷，但内心却很知足。”人只要产生贪念私利的欲望就会消融自己的刚强而变得软弱。生命就如一叶扁舟，载不动太多的物欲和虚荣，强迫其装载只会使它在驶向彼岸时中途搁浅，因此必须根据自身的实际情况，只取自己需要的东西装载，而不过分欲求，要懂得“大舍大得，小舍小得，不舍不得”。

清朝两江总督于成龙被康熙誉为“天下第一廉吏”，他为官20年，直到最后依然是两袖清风。他在生活中的的确确是“不贪、不占、不巧取，戒奢、戒骄、戒招摇”。当他每次由于升迁而离任时都会用坛子装些当地的泥土留作纪念。日常生活中的他每日粗米旧衣，形如樵夫。在当时那种“三年清知府，十万雪花银”的官场中，他这种清官极为难得。在当时，他的品德为天下人所称颂，使得当时江宁一带都一改奢靡之风。直到于成龙病逝20年后，康熙再下江南时，当地百姓仍念念不忘于成龙的清廉之名。

古语中有句话叫：“美好者，不祥之器。”意思是说，事物过于完善美好了，必定会带来毁灭的结果。我们要懂得知足，对于功名利禄都不要贪图，这才是立身之本。

据唐时张固《悠闲鼓吹》卷五十二载：一个叫张廷赏的人要审理一件大案，吩咐了吏卒要严密纠缉。次日早晨，他见自己的办公桌上留下帖子，上面写道：“钱三万贯，乞不问此狱。”张廷赏怒气之下，将帖子掷在地上，表示要秉公而断。但是转天的早晨办公桌上又有人留下了一个大帖子，上写：“钱十万贯，乞不问此狱。”于是张廷赏不再追问此案。当手下人问他不查此案的原因时，他说：“钱十万可通神矣，无可不回之事，吾忌祸及，不得不止。”

贪婪是一切祸乱的根源，因此不论做人处事都必须谨慎。在与人相处时，好贪便宜者必将受人唾弃；经营事业者若急功近利，不能本着诚信原则慢慢扩展，事业也很难成功。

《韩非子》云“千丈之堤，以蝼蚁之穴溃；百尺之室，以突隙之烟焚”；后人又云：“贪如火，不遏则燎原；欲如水，不遏则滔天。”就人的本性来说确有其不知足的一面。古人有诗曰：“古来芳饵下，谁是不吞钩？”综观古往今来的“吞钩”者，几乎无一不是因欲望太多所致。

人生于世，又怎能没有欲望？除了生存的欲望以外，人人都还会产生各种各样的其他欲望。其实，欲望在一定程度上是促进社会发展和自我价值实现的动力。因此说欲望是随人的生命而同步诞生的，也从此是无止境的。然而，如果人无法控制自己的欲望，任由它随心所欲，则必然会招致祸患。

有人说，人最大的悲哀是不朽的灵魂拖着一个沉重的肉身。如果没有这个肉身，人的一切欲望就会停止。无欲则刚，人如果没有欲望，就没有什么东西能把它打倒，一切就完美了。

上帝给了人智慧，却又残忍地设置了各种各样的欲望来勾引人的肉体，考验人的意志。欲望是娇艳欲滴的禁果，放逐欲望必然要付出代价。它引诱多少人趋之若鹜，然后又以翻云覆雨之手，将追随者弃于荒原，去承受那一片亘古不变的荒凉与寂寞。

人们都说，人最难战胜的是他自己。其实，人最难战胜的是他的欲望。对抗它的唯有强的意志力和理性的判断力。但并不是所有的人都能用那么坚定的意志和信念战胜它。所以说欲望之门不能打开。

古希腊哲学家毕达哥拉斯说："不能制约自己的人，不能称之为自由的人。"只有肉体上的欲望受到限制，心灵上才能谋求更大自由。有所节制才会有真正的自由。现在人把自由多理解为外在束缚的消除，其实那是一种误解，别把放纵当作自由。克制通常更能辉映出人性的光芒，就像博弈，其结果还是节制，是人性有规则地释放。有节制地生活，不要让欲望操控自己，才可能获得真正的自由和快乐。

2. 不重名利，保持一颗平常心

在生活中，"名利"二字，犹如一个沉重的包袱，常常压得我们喘不过气来。

的确,名利终日让人患得患失,名利时时让人忙忙碌碌;名利可以使人欣喜得发疯,名利可以使人忧虑得病。由此,《老子》向世人发出诘问:“名与身孰亲?身与货孰多?得与亡孰病?”是啊,名誉和生命比起来哪个更亲切?生命和财产比起来哪个更宝贵?得到名利和失去生命哪一样更有害?这些,都值得每一个人,尤其是汲汲于名利者好好思考。

老子也曾语重心长地告诫后人说:“是故甚爱必大费,多藏必厚亡。”也就是说,过分地追求名利必然付出极大的耗费,丰厚的贮藏必定会招来惨重的损失。最后,这位苦心劝世的思想家得出一个结论:“知足不辱,知止不殆,可以长久。”唯有适可而止,知道满足,才不会遇到危险、受到屈辱,从而保得平安。

居里夫妇都是世界上知名的科学家,居里夫人是世界上唯一两次获得诺贝尔奖的女科学家,但他们生活俭朴,不重名利。

各种勋章、奖章是荣誉的象征,或许那是多人梦寐以求的宝物,可居里夫妇视之如废物。

1902年,居里先生收到了法兰西共和国大学理学院的通知,说是将向部里提出申请,颁发给他荣誉勋章,以表彰他在科学上的贡献,务必请他不要拒绝接受。

居里和夫人商量以后,写了一封回信:“请代我向部长先生,表示我的谢意。并请转告,我对勋章没有丝毫兴趣,我只亟须一个实验室。”

居里夫人的一位朋友应邀到她家做客,进屋后看见居里夫人的小女儿正在玩弄英国皇家协会刚刚授予居里夫人的一枚金质奖章,惊讶地说:“这枚体现极高荣誉的金质奖章,能得到它是极不容易的,怎么能够让孩子玩呢?”居里夫人却说:“就是要让孩子从小知道荣誉这东西,只是玩具而已,只能玩玩,绝不可以太看重它,如果永远守着它,就不会有出息。”居里夫妇,重视事业,不重名利。

世界上没有什么东西是永恒的。

钱财名利,像足球一样,圆圆的,今日可能滚向这一边,明日也许会到那一边，当我们这样去评判世事时，便不会为某人一时一事的发迹而眼红。

当代大学者钱钟书，终生不求名利，甘于寂寞。他谢绝所有新闻媒体的采访，中央电视台《东方之子》栏目的记者，曾千方百计想冲破钱钟书的防线，最后还是不无遗憾地对全国观众宣告：钱钟书先生坚决不接受采访，我们只能尊重他的意见。

20世纪80年代，美国著名的普林斯顿大学，特邀钱钟书去讲学，每周只需钱钟书讲40分钟课，一共只讲12次，酬金16万美元。食宿全包，可带夫人同往。待遇如此丰厚，可是钱钟书却拒绝了。

钱钟书的著名小说《围城》发表以后，不仅在国内引起轰动，而且在国外反响也很大。新闻界和文学界有很多人想见见他，一睹他的风采，都遭他的婉拒。有一位外国女士打电话，说她读了《围城》后深受启发很想见到他。钱钟书再三婉拒，她仍然执意要见。

钱钟书幽默地对她说："如果你吃了个鸡蛋觉得不错，何必要一定认识那只下蛋的母鸡呢？"

1991年11月钱钟书80华诞的前夕，家中电话不断，亲朋好友、学者名人、机关团体纷纷要给他祝寿，中国社会科学院要为他开祝寿会、学术讨论会，钱钟书一概坚辞。

世人最看不透"名、利"二字，不知有多少人在"名利"二字上栽了跟头。

富贵、贫贱、得失、荣辱……种种人生际遇不是固定的，它们常常会相互转化。做人要参透富贵名利，才能不被它们左右；做事要摆脱名利的束缚，才能成大事。与人交往的时候，放下身份、名位，才能真诚交流，成为知心朋友。企业领导人获得了巨额财富、掌控着资本的力量，想要走得更远，必须放弃高傲的心态。

因为出演《渡江侦察记》、《许茂和他的女儿们》等脍炙人口的影片，张金玲出了名，除了她的演技外，更因为她长得漂亮，让人过目不忘。提起当年受追捧的情形，张金玲脸上禁不住浮起一丝淡淡的羞涩。读者写的信像雪片一样飞到她的家里，让她至今难忘。不过，除了夸赞她的演技、长相并想和她交流的信之外，更多的则是向她大胆示爱的信。她还记得那段时间在上影厂的门外橱窗内，挂着她的巨幅照片。于是一个22岁的男子就找到上影厂，非要见她向她示爱，当然这个人还是被上影厂的人劝走了，但是张金玲随后就让人把她的照片从橱窗里取了下来。

作为稍微上了一些年岁的人心中的偶像，张金玲本可以在银幕上大红大紫，和她同时期出道的刘晓庆、张瑜等到现在都是明星就是一个很好的证明。但是自从她接拍了一部《女人也是人》之后，便从此淡出了银幕。

那么，这些年她都做什么去了？张金玲说，她是家里的老大，下面还有4个弟弟。父母含辛茹苦把他们养大，她一直在想，等她将来生活好了，一定要让父母有一个好的晚年。而恰好当时儿子出生，父亲常年身体不好，因此她决定淡出银幕，去孝敬父母、抚养孩子以及伺候老公。“我经常对父亲说，除了天上的星星没有够着，其他的都给你了。现在他身体虽然还不好，但是至少很快乐。儿子现在在多伦多大学学习工商管理，比较成器，我也很高兴。”

淡出银幕的20多年间，张金玲把主要精力放在了照顾好家庭上面，然而，执著坚忍的她也利用很少的业余时间勤习绘画，如今，她已经成为一个颇有名气的画家，她的许多作品还被多方收藏。

滚滚红尘，浮生如梦，人生中免不了要经历成败得失，酸甜苦辣，喜怒哀乐，升潜沉浮。要活得轻松，活得愉悦，就必须具备良好的心态，不重名利，轻视得失，否则，将使自己苦上加苦，万劫不复。

有人一生谋事十件而成其一，但其为所成之事欢欣鼓舞，快乐无比。而有人一生谋事十件成其九，但其整日为所失一事而苦恼，郁闷不堪。其中所蕴之理，细思自明。

不重名利，保持一颗平常心，是对人生在深层次上的追求。有了这种心态，就不会在世俗中随波逐流；就不会对身外之物得而大喜，失而大悲；就不会对世事他人牢骚满腹，攀比妒忌。不重名利，会使你自始至终处于平衡的状态，保持一颗平常心，拥有超然的人生态度。

3. 懂得知足，莫要贪恋太多

一只美丽的天鹅有一天落在地上时，看见了一只健壮的鸭子，她立刻被这只帅气的鸭子所打动。于是，天鹅向鸭子表明了爱意，受宠若惊的鸭子立刻接受了这份爱。

从此天鹅与鸭子在土地上生活着，在泥塘边生活着。天鹅让鸭子学会飞翔，鸭子虽然很努力地去学，但终归只是只鸭子，最后还是失败了。

鸭子说："亲爱的，你抓住我，带我去飞吧。"

天鹅抓住鸭子，扇动翅膀，非常吃力地飞上了蓝天，在天上飞了一会儿就落地了。

在那之后的日子里，鸭子每天都要求天鹅带他飞上天，而且要求飞翔的时间也越来越长，贪心越来越重。疲惫的天鹅因为爱着鸭子，虽然身心俱疲，却依然会答应鸭子的要求。

这一天，鸭子又让天鹅带他飞上蓝天，天鹅勉强抓住鸭子飞上了天，飞得很高，很高，很高，然而天鹅实在承受不了鸭子的重量，最后不得不松开了抓住鸭子的手……

这个故事告诉我们：做人要懂得知足，莫要贪恋太多。

所谓知足，就是对现有的生活或者状态感到满足，不去刻意地和别人盲目攀比，时刻保持一种平和的心态。但现实生活中，我们却总是“在这山望着那山高，在那山又觉得这山耸”，殊不知，其实两座山是一样的，只是自己永不知足的心在作怪罢了。这种人永远不能得到满足，快乐也就不会光顾他们。只有知足的人才能认识到永无止境的欲望所带来的痛苦，于是干脆去压抑一些根本无法实现的愿望，看起来虽然比较残忍，但它却能减少许多痛苦。

老子在《道德经》中说“祸莫大于不知足”，讲的就是知足常乐的道理。孟子说：“养心莫善于寡欲。其为人也寡欲，虽有不存焉者，寡矣；其为人也多欲，虽有存焉者，寡安。”说的也是知足常乐的道理。知足常乐，可以说为我们所熟知，但在现实中又有几人能做到这一点呢？许多人不可谓不聪明，但却由于不知足，贪心过重，为外物所役使，终日奔波于名利场中，每日抑郁沉闷，不知人生之乐。只有懂得珍惜自己所拥有的现在，才能体会到生活的快乐。

西方曾有位哲人这样说：“成功是没有标准的，只要我们尽了最大的努力，发挥出了所有的力量和潜能，而且也尽了应尽的财力和物力，这样，即使结果仍不是最优秀的，但仍不失为一种成功。”其实，这句话就是告诉人们，人一定要知足，做什么事情都不必追求最好的结果，只要尽力就好，因为成功并不意味着都是第一。结果固然重要，但过程也自有它的独特之处。

有个善良的天使，她经常到凡间去帮助一些需要帮助的穷苦人，因为这样她能感受到幸福的味道。有一天，天使遇到一个农夫，他的样子十分苦恼，他向天使哭诉道：“我们家的水牛刚刚死了，没有它帮我耕田，叫我如何种庄稼呢？”于是，好心的天使就赐给了他一只健壮的水牛，农夫十分高兴，连连向天使道谢。

过了些日子，天使又见到了这个农夫，农夫还是一脸沮丧的样子，他又向天使说：“我们家的钱被骗光了，这可是我一辈子的积蓄呀！这叫我们一家人可怎么活呀？”于是，天使又给了农夫许多的财富，农夫又高兴地接受了。

后来，天使又去看这个农夫，也见到了他貌美而温柔的妻子，但农夫说他仍然不快乐，虽然他现在衣食无忧，可他感受不到幸福，要天使给他幸福。天使想了想，说道："我知道该做什么了。"说完，她把农夫所拥有的一切都拿走了——拿走了他的钱财，毁去了他的容貌，夺去了他妻子和儿子的性命。过了一个月之后，天使回到农夫身边，把他从前的一切还给了他。当农夫又重新拥有这一切的时候，他感激地对天使说："我现在终于知道什么是幸福了，谢谢你。"

生活中我们总是在考虑自己并未得到的东西，却往往忽略已经拥有的，不知足者最苦恼。农夫正是因为不知道满足，才会一次次地向天使索取，当他真正懂得幸福的时候才明白，原来幸福就是自己所拥有的。人心不足蛇吞象，其实我们每个人到底有多大的力量，只有自己最清楚，只有知足者才能保持一种良好的心理状态，让自己的需求和承受能力相对地维持平衡。

当然，也不要误会了知足的含义。知足并不是让我们目光短浅，不是要我们停滞不前，不是让我们在现有的成绩前自我陶醉而无视人生更远大的追求。知足更不等同于骄傲自满，拿自己目前的状态向人炫耀。知足只是对现实的一种正确的反映，它只是相对而言，并不代表着绝对满足。可以说，知足是一种平和的处世智慧，它教会人们从不足中找到知足，在不乐中寻到快乐，真正能够洒脱地做到："事能知足心常泰，人到无求品自高。"

有位哲人曾说，在生活和工作中，不是任何付出都会有回报的。的确如此，有时生活存在明显的不公平，不光你自己觉得不公，连周围的人也为你鸣不平。比如评职称，凭你的贡献和才能，明显比别人大，大家都认为你肯定当评，但由于领导的好恶或者其他原因，结果是比你才能差的贡献小的被评上了，你心里当然不服气，然而去找有关部门论理又无济于事。在这种情况下无须耿耿于怀、忧心忡忡，更不能失去理智叫人看低了自己的气度。这时不妨想开点，来个阿 Q 精神。拿过去与现在比，与比自己差一点儿的对比，通过比较你会发现，你说你命运苦，还有更苦的人在。这样你就会得到一种满足。假如你总觉得你的收获不如付出的多，那你就应该和比你付出更多的人比较，当你发现原来人家也一样付出的多、得到的少时，你或许会领悟人生的奥妙。到时候，你会珍视你的所有，你会觉得快乐就在淡泊清静之中。

其实，幸福和快乐并不仅仅是物质方面得到满足。天地之大，无奇不有。人要追求的而且应该追求的东西多着呢！除了物质的、权势的东西，还有更能让人心动的乐趣所在，只是人们身在“庐山”，“不识庐山真面目”而已。

物质和精神总需相辅相成、相得益彰。物质上的极大满足，填充不了精神上的极度空虚。知足更需要的是精神上的满足，只有这样方能常乐。一个人尽管物质上得到了极大满足，若精神上空虚得要命，总是觉得欠缺了些什么，终日不得欢颜一笑。庸人、小人把物欲当作人生的全部，所以没有多少精神追求。君子贤人虽然也有物质的欲望，但精神的欲望更强烈，并居于主导地位。在他们内心好像有一盏明亮的航标灯，使他们不被物所左右，引领自己驶向极乐世界。

其实，想要做到“知足常乐”并非易事。俗话说人往高处走，水往低处流。谁不想生活、工作条件好些，精神安逸些？事实上，现实社会中，没有一定的物质生活作保障，你再“君子”也“君子”不起来，我们说“知足”，只是强调不要过分，顺其自然。但是，想归想，未必都能满足。当各种理想、愿望、甚至连小小的打算都未能实现的时候，你就需要学会承认和接受现实，并且不消极、不失望，自己寻找心理平衡。

懂得知足，莫要贪恋太多，这是一种贤者的修身态度，也是一种有所作为者的谋世智慧！一个人幸福与否，在很大程度跟自己是否知足有很大的关联。心不知足，天底下所有的名利都填不满自己欲望的口袋。心里善于知足，则幸福就会充满于自己的起居生活中。名利心太大，会让自己急功近利，而忘记了藏在底下的危险，做人太盛气凌人，就会招人怨尤，一举足便会有障碍，这些东西，是一个有智慧的人不屑一做的。

4.

宽容仁厚，不为小事斤斤计较

在这个世界上，每个人都得生活、工作，都得接触社会与家庭。在居家过日子及烦琐的工作中，难免会发生矛盾，出现这样或那样的失误与差错。在这时，如果你不让我，我不让你，很容易引发家庭矛盾和同事的争斗。不能原谅自己或他人所出现的失误与差错，就会给自己和他人增加心理上的压力和影响今后的正常生活与工作。因此，我们需要懂得宽容仁厚，不为小事斤斤计较。

一天，孔子的得意门生颜回去街上办事，见一家布店前围满了人。他上前一问，才知道是买布的跟卖布的发生了纠纷。

只听买布的大嚷大叫："三八就是二十三，你为啥要我二十四个钱？"

颜回走到买布的跟前，施一礼说："这位大哥，三八就是二十四，怎么会是二十三呢？是你算错了，不要吵啦。"

买布的仍不服气，指着颜回的鼻子说："谁请你出来评理的？你算老几？要评理只有找孔夫子，错与不错只有他说了算。走，咱找他评理去！"

颜回说："好。孔夫子若评你错了怎么办？"

买布的说："评我错了输上我的脑袋。你错了呢？"

颜回说："评我错了输上我的帽子。"

二人打着赌，找到了孔子。

孔子问明了情况，对颜回笑笑说："三八就是二十三哪！颜回，你输啦，把帽子取下来给人家吧！"

颜回从来不跟老师斗嘴。

他听孔子评他错了，就老老实实摘下帽子，交给了买布的。

那人接过帽子,得意地走了。

对孔子的评判,颜回表面上绝对服从,心里却想不通。他认为孔子已老糊涂,便不想再跟孔子学习了。

第二天,颜回就借故说家中有事,要请假回去。

孔子明白颜回的心事,也不挑破,点头准了他的假。

颜回临行前,去跟孔子告别。

孔子要他办完事即返回,并嘱咐他两句话:“千年古树莫存身,杀人不明勿动手。”

颜回应声“记住了”,便动身往家走。路上,突然风起云涌,雷鸣电闪,眼看要下大雨。颜回钻进路边一棵大树的空树干里,想避避雨。他猛然记起孔子“千年古树莫存身”的话,心想,师徒一场,再听他一次话吧,又从空树干中走了出来。他刚离开不远,一个炸雷,把那棵古树劈个粉碎。颜回大吃一惊:老师的第一句话应验啦!难道我还会杀人吗?

颜回赶到家,已是深夜。

他不想惊动家人,就用随身佩带的宝剑,拨开了妻子住室的门栓。

颜回到床前一摸,啊呀呀,南头睡个人,北头睡个人!他怒从心头起,举剑正要砍,想起孔子的第二句话“杀人不明勿动手”。他点灯一看,床上一头睡的是妻子,一头睡的是妹妹。

天明。颜回又返了回去,见了孔子便跪下说:“老师,您那两句话,救了我、我妻和我妹妹三个人哪!你事前怎么会知道要发生的事呢?”

孔子把颜回扶起来说:“昨天天气燥热,估计会有雷雨,因而就提醒你‘千年古树莫存身’。你又是带着气走的,身上还佩戴着宝剑,因而我告诫你‘杀人不明勿动手’。”

颜回打躬说:“老师料事如神,学生十分敬佩!”

孔子又开导颜回说:“我知道你请假回家是假的,实则以为我老糊涂了,不愿再跟我学习。你想想:我说三八二十三是对的,你输了,不过输个帽子;我若说三八二十四是对的,他输了,那可是一条命啊!你说帽子重要还是人命重要?”

颜回恍然大悟，“扑通”跪在孔子面前，说：“老师重大义而轻小是小非，学生还以为老师因年高而欠清醒呢。学生惭愧万分！”从这以后，孔子无论去哪里，颜回再没离开过他。

宽厚是一种美，深邃的天空容忍了雷电风暴一时的肆虐，才有风和日丽；辽阔的大海容纳了惊涛骇浪一时的猖獗，才有浩渺无垠；苍莽的森林忍耐了弱肉强食一时的规律，才有郁郁葱葱。泰山不辞抔土，方能成其高；江河不择细流，方能成其大。宽厚是壁立千仞的泰山，是容纳百川的湖海。

人生于世，就要学会宽厚，不为小事斤斤计较。其实，计较来计较去，烦人又烦己，大事办不成，小事又办不好，还不如不去计较。

有一年，狄青要出守边塞，他的好朋友韩将军向他推荐了一名猛士，这名猛士叫刘易。刘易熟知兵法，擅打恶仗，对狄青守卫的那段边境的情况非常熟悉，狄青就带他一起到边境去。但是刘易有个很不好的嗜好，就是特别爱吃苦荬菜。一次士兵送来的菜里缺少了苦荬菜，刘易便把盛菜的器皿扔到地上，并在军营中大闹不止。士兵将此事报告给狄青，狄青听了非常生气。

一般情况下，刘易这样的人是绝不能留在戍边军队中的。但刘易又确实与众不同。狄青考虑，与这种性格刚烈的人发生正面冲突，不仅破坏了自己与韩将军的朋友关系，而且会影响刘易的情绪；如果放任不管，势必会动摇其他士兵的军心，影响戍边大业。

于是，狄青出面好言安抚刘易，并立即派人回内地去取苦荬菜。一部分将领见这种情况，非常不服气，说狄将军骁勇善战，屡建奇功，而刘易何德何能，却要狄将军放下军务派人去给他弄苦荬菜吃。特别气盛的将领还想去与刘易比一比武艺，杀一杀刘易的威风。狄将军急忙劝阻众将说：“刘易原来不是我的部下，如果你们与他计较，争强斗胜，传出去势必会给敌人以可乘之机。我们现在要加强团结，决不能争一时之短长。”

当这些话传到刘易的耳中时，他非常感动。狄将军派人专程去弄苦荬菜，刘易觉得自己得到了别人的同情与理解；狄将军劝阻将领不得争强斗胜，刘易觉得他是真正顾全大局，宽宏大量。在这种情况下，自己不该再给非常忙碌的狄将军添麻烦。

过了几天，刘易懊悔地去找狄青，说："狄将军，您治军严整，我在韩将军手下时就有耳闻。这次我因这么点小事就大闹，您不仅不责怪我，还原谅了我，我一定会报答您。"从此，刘易再也没为苦荬菜闹过事，并且逢人便夸狄将军的宽阔胸怀。

其实，这也正是狄青为人处世的智慧，假如他度量小，要与刘易斤斤计较的话，在刘易大闹军营时处治他，不但很难收到最终的预期效果，还会影响到自己负责的边防事业。他现在这样做，不仅收服了刘易，而且收服了其他将领、士兵。狄青的处世方法，不管是谁，都会被他的度量所折服的。

人生福祸相依，变化无常。少年气盛时，凡事斤斤计较，锱铢必究，这还有情可原。一个人年事渐长，阅历渐广，涵养渐深，对争取之事应看得淡些，凡事不必计较，顺其自然最好。

做人要宽容仁厚，不为小事斤斤计较。如果太计较，由于人是相互作用的，你表现出一分敌意，他有可能还以二分，然后你则递增为三分，他又会还回来六分……把敌意换成善意，你会有多么大的收获。当"冤冤相报何时了"的双负，能成为"相逢一笑泯恩仇"的双赢时，不是人生最大的成功吗？

因为你的宽容仁厚，亲人爱护你；因为你的宽容仁厚，朋友信赖你；因为你的宽容仁厚，同事喜欢你；因为你的宽容仁厚，你周围所有的人都会接受你的存在，欢迎你的到来，这就是宽容仁厚的力量。

在心理上接纳别人，理解别人的处世方法，尊重别人的处世原则。我们在接受别人的长处之时，也要接受别人的短处、缺点与错误，这样，我们才能真正地和平相处，生活才显得舒心。

5.

淡泊明志，宁静致远

三国时期著名的政治家、军事家诸葛亮曾写道："非淡泊无以明志，非宁静无以致远。"这是我们一生都必须要记住的。

所谓淡泊，就是指在光怪陆离的商品社会中，坚持自己的节操，维护自己的清爽如水的高洁品质，甘于宁静和寂寞；不为锦衣玉食，而是心存高远有明志，并为之努力奋斗。这一原则之所以可行，在于它始终坚持了自己的生存方式，有一个自己确信有价值，并且值得奋斗的志向。正因为一心奔着这样一种较高的目标，故生活中的蝇头小利，在那些"淡泊明志，宁静致远"的人看来，都自然是不屑一顾的。即使是诱人的，而且是完全可以得到的东西，也不会为之动摇。

当然，淡泊还有一层含义，就是指对人生有了一种深刻的洞察和把握，真正地认识到大凡名利之类的东西，都是生不带来，死也带不走的身外之物。这样，便可以在各种场合中，处于泰然自若的地位。反之，在汹涌的商品大潮中便会失去自我，在诱人的名利面前便会成为奴隶。后者，必然会为一点蝇头小利而争得头破血流，为微不足道的权力与官职打得你死我活。这种人永远不会反省，认识了解自己真如"蜀道难，难于上青天"。

在现实社会中，面对荣辱我们都很少能理智地对待，所以必须要让自己拥有一颗"淡泊明志，宁静致远"之心。

关麟征是黄埔军校一期学生，曾在国民党军队中历任要职。他经过长期征战和官海沉浮，逐渐看透自己前半生争名夺利的官场生活，于1949年秋辞去陆军总司令职务、退出国民党军界，拒绝接受随蒋介石飞往台湾的命令，借故在香港隐居下来。从此，他不参加任何政治性的集会和社会活动，不接见任何记者采访，断绝一切与党政军故旧的联系，整日以读书、写字为乐。其间，蒋介石、蒋经国父子曾数度邀请他去台湾任职，并许以高官厚禄，他都婉言谢绝。从44岁至85岁逝世，他一直过着淡泊的隐居生活。

俗话说得好："雁过留声，人过留名。"谁也不想默默无闻地活一辈子，自古以来，很多人都把名、利当作人生的两大目标。

实事求是地说，求名并非坏事，然而，现实中很多人追求的是一种虚名，为了这些虚名，他们不惜为了自己加害他人。最终为名所惑、为名所累、为名所害，弄得身败名裂。

我们的行为主要是受理性和情绪这两个因素制约的。理性使人变得理智、冷静而办事少出错误；而情绪则是一把双刃剑，当一个人的情绪高涨时，办事效率会明显地提高，但当一个人情绪低落时，同样也会出现更多的差错，所以这把双刃剑用不好，就会出问题。最好的办法是能保持情绪的稳定，这样不使它大起大落，保持一种平静的心境，然后加上准确的理智的作用，二者充分地结合，定能相得益彰。

范蠡在帮助越王勾践灭掉吴国之后，放弃高官显位，选择了急流勇退。他改名换姓，隐居在齐国，与儿子们在海边耕作。由于经营有方，没有多久，产业竟然达到了数十万钱。齐人见范蠡贤明，想委以大任。范蠡却喟然叹道："居官至于卿相，治家能致千金；久受尊名，终不是什么好事！"于是，他散其家财，分给亲友乡邻，然后带着少数珠宝，来到陶国，再次更姓改名，自称为陶朱公，范蠡早年曾师事算计，研习理财之道。这次重操经商之业，自然驾轻就熟。他每日买贱卖贵，与时逐利，没多久又积聚资财巨万，成了富翁。

范蠡之所以辞官退隐、多次迁徙，就是考虑到不要让尊名大利给自己带来身家性命之忧。同僚文种不听规劝，接受了越国的尊荣大名，结果死在勾践手下，就是明证。"宁静致远"，范蠡一生三次变迁，虽身逢乱世，路途坎坷，却每次都达到了人生事业的巅峰，堪称成功人生的典范。

追求向上的努力无可厚非，但是一味攀比富贵、在乎名利，“别人有的我要有，别人没有的我也要有”，不能在淡泊中体验人生滋味，就看不到真实生活的面目。这样一来，无论做人还是做事，都会失去正确的方向指引。

浮躁是现代人的一种通病。目光短浅，胸无大志，为了眼前的一点儿区区小利而红了眼。看到别人的成就自己就不平衡起来，就抱怨起来，说到他人的长处，就开始诋毁他人。好高骛远，不切实际，不踏踏实实地着手干自己的工作，而是光想干大事，幻想一夜成为百万富翁，却没有任何行动。这种人的心情是无法平静下来的，像猴子掰玉米一样，掰一个丢一个，而最终仍是一无所获，可见，这种浮躁病害人不浅。要想事业成功，必须首先立志，然后用平静的心态去钻研某一个行业或领域，将全部注意力和身心都投入进去，而不是目不暇接地看看这，又看看那。

那么如何才能达到“淡泊明志，宁静致远”的人生境界呢？拥有淡泊，需拥有超然境界，人生“不以物喜，不为己悲”，从从容容，宠辱不惊。在追求进取生命的进程中，淡泊宁静是调节心境、平衡身心的一剂良方。人生可以平淡，但不可以平庸！在向目标前进时，勇于逆流而上，从平凡中崛起，在淡泊中丰富智慧。

对于现代社会来说，变化频繁，我们更要在各种变化和诱惑中保持平静的心态，甘于寂寞。这就是“淡泊明志，宁静致远”。懂得淡泊的人是明智的，拥有宁静的人是幸福的，我们为何不抛弃世俗名利，“静观庭前花开花落，闲看天上云卷云舒呢”？如此，你便拥有了“淡泊明志，宁静致远”的人生境界。

第九章 舒心就要开心,积极乐观快乐无边

对于生活中的每一个人而言,不开心和开心常常是一转念间的事情。其实,事情都是有两方面的。当我们因为一方面不开心的时候,我们就去从另一方面来想想,相信会找到让我们满意的东西。生活本来就是一件很辛苦的事情,为什么我们还要只看到那不快乐的一面呢,换个角度去想吧,从积极的快乐的一面去看,那样我们就会有一个个开开心心的好日子。

1. 快乐在于积极的心态

心态决定人的视野和成就。从成功学的角度来看,人的心态只有两种:积极的和消极的。成功是由那些抱有积极心态并付诸行动的人所取得的。对同一件事抱有两种不同的心态,其结果是相反的。一个人成功的真正原因是他的积极想法和乐观心态。

心态决定人的命运。假如你觉得身体很重要,你会设立一些健康的目标,开始做一些促进健康的事情;假如你觉得财富很重要,你会想办法赚更多钱,去积极地行动,让自己致富;假如你觉得朋友最重要,在你面临抉择时,通常你会选择朋友。所以,要真正改变一个人的行动,就必须改变他的价值观,改变他的心态。

我们的一生都在追求快乐,寻找快乐。其实,快乐藏在每个人的内心深处。什么是快乐?

快乐其实很简单,只要我们有积极的心态,善于发现生活中的美,快

乐就会时时地伴随在我们的左右。

如果你的心态积极了,你会觉得阳光是那样的明媚,天空是那样的蔚蓝,空气是那样的清新,小鸟的叫声是那样的欢快、悦耳,这时你的笑容也会挂在脸上,你的步履也会变得轻盈,你会情不自禁地哼起小曲,你会在心里说——哦,原来快乐是这么简单!

快乐是一种感情,是一种心理的态度,只要你心里已经感觉快乐,你便已有了快乐,至少有了一种快乐的心态。如果你感觉到烦恼,说明你和快乐还有一段需要磨合的过程。

要相信,人可以成为一个永远比你自己想象的更好、更快乐的人。不管别人怎样说你,都别看轻你自己!因为只有你自己,才能真正知道你想成为一个怎样的人物,而你的所作所为,只会证实你是怎样的一个人。

有一天,一个雕塑家发现自己的面貌越来越丑了。"丑"并非指肤色、五官(他原来长得很不错的),而是指神情、神态,怎么就那样的"狡诈"、"凶恶"、"古怪",以至于使面相本身也让人感到可怕。

他遍访名医,均无办法。因为,吃药也好,整容也好,都无法医治五官之间的"关系"——无法医治一个人的愁眉苦脸,无法医治"满脸横肉,凶神恶煞"。

一个偶然的机会,他游历一座庙宇时,把自己的苦衷向长老说了。长老说,我可以治你的"病",但不白治,你必须为我先做一点儿工——雕塑几尊神态各异的观音像。雕塑家接受了这个条件。

在中国千百年的传统文化中,观音是慈祥、善良、圣洁、宽仁、正义的化身,他的面相神情,自然就是人民群众心中这些概念的形象化、典型化。

雕塑家在雕塑过程中不断研究、琢磨观音的德行言表,不断模拟他的心态和神情,达到了忘我的程度。他相信自己就是观音。

半年后,工作完成了,同时,他惊喜地发现自己的相貌已经变得神清气朗,端正庄严。

他感谢长老治好了他的病。

“不，”长老说，“是你自己治好的。”

此时，雕塑家已找到了原来“变丑”的病根——过去两年，他一直在雕塑夜叉，整天想的是怎样表达夜叉的“凶恶”面相，导致自己的相貌变丑。可见，美与丑，并不在于一个人的本来面貌如何，而在于他心里是如何看待自己的。

犹太人的格言中有一句这样讲：“每天要认为今天就是你人生的第一天；每天要认为今天就是你生命最后的一天。”即使你长命百岁，你的人生也是一天一天、一分一秒度过的，每个人都只活在当下这一瞬。如果你的人生只剩下最后一天，你必定会使它过得饱满；如果你的人生是第一天，你一定会充满欣喜。

快乐在于积极的心态。你的心态决定了你怎样看待障碍，乐观的人把它看成是成功的台阶，而悲观的人则把它看成是绊脚石。因此，你要时刻保持昂扬的斗志。每天不管感觉如何，要鼓励自己以积极的心态面对生活，尽最大的努力做每一件事。你只有先唤醒了自己的意志和精神，才会以积极的行动去争取成功。只有坚持以积极的心态全力投入，才能有所作为。

快乐由心而生，心由事而定，事由人来做。全然的快乐是一种纯天然的，来自于心灵的，一瞬间的，让人永生陶醉其中的那种快乐。一个人要活得像一个人，活得畅畅快快、踏踏实实，要过一种充满信心而活泼快乐的生活，必须修身养性，这是成就快乐的根本。

快乐并不是别人给予你的，而是你本身就拥有，但你先要去寻找一种乐观的心态。拥有乐观的心态才会发现生活中的美好、现实的快乐，才会把它看成是上帝的恩赐，怀着感恩的心去享受现实。

2.

豁达开朗，乐观面对人生

日本的大银行不允许职员留长发。因为留长发会让顾客对他们产生颓废和散漫的印象，有损银行的声誉。

有一次，一家银行的经理和人事部主任接见一批考试合格的应聘人员，发现其中竟有不少留长发的男子。

人事部主任留着陆军式的发型，他在致词时说："诸位，敝行对于头发长短的问题历来持豁达的态度（长发者听到此大感宽慰），诸位的头发长度只要在我和经理先生的头发长度之间就可以了。"

俄国大诗人普希金说：假如生活欺骗了你，不要难过，不要忧伤，在愁苦的日子里心平气和。相信吧！幸福的一天终究会来临。

在现今的社会和工作中，随着社会竞争压力的与日俱增，生存空间和生存环境越来越复杂多变，人们对物质生活水平的要求也越来越高，如若你不能以一种豁达乐观的心态去面对无处不在的激烈竞争，去面对生活中来自各个方面的压力和挑战，那么就随时都有可能被乌云密布的心情所笼罩。

而豁达乐观能把沉重变得轻松，把繁琐变得简单，把平凡变得有趣。拥有豁达，你的精神就会清澈透明，就会拥有快乐。那么，怎么样才能做到豁达乐观呢？豁达乐观就是胸襟博大，性格开朗，抛弃前嫌，宽容大度，体贴谅解，包容谦让，善待他人。

无论是在生活还是在工作中，总有一些不大不小的不如意，让人们烦恼、气愤，有些甚至是微不足道的小摩擦和小误会，但是如果让这些不好的情绪累积在心里，那长此以往，就会像结石一样给身体和心灵带来病症，影响人们的健康。所以，我们应该学会用豁达这剂良药及早清除病症，还我们健康的身心。

一般说来，豁达开朗之人比较宽容，能够对别人不同的看法、思想、言论、行为以至他们的宗教信仰、种族观念等都加以理解和尊重。不轻易把自己认为“正确”或者“错误”的东西强加于别人。他们也有不同意别人的观点或做法的时候，但他们会尊重别人的选择，给予别人自由思考和生存的权利。有时候，往往是豁达产生宽容，宽容导致自由。记得胡适先生说过，如果人家希望享有自由的话，每个人均应采取两种态度：在道德方面，大家都应有谦虚的美德，每人都必须持有自己的看法，不一定是对的态度；在心理方面，每人都应有开阔的胸襟与兼容并蓄的雅量来宽容与自己不同甚于相反的意见。换句话说，采取了这两种态度以后，你会容忍我的意见，我也会容忍你的意见，这样大家便都享有自由了。

事实上，世界上许多问题都有正、反两重意义，关键是看你采取什么样的态度。比如，劫后余生，乐观者会说：“真万幸，我还活着。”而悲观者却会充满沮丧：“真不幸，只剩下我了。”

所以，无论我们处于什么样的险恶环境，都应用一种积极开朗的心态，尽量去理解事物中消极的一面，把苦难当作一种磨炼，把不幸当作一种炼狱。苦中寻乐，定会使你得到许多十分宝贵的经验，为你今后事业的发展奠定基础。

在1984年洛杉矶奥运会上，“体操王子”李宁一人独得男子自由体操、吊环和鞍马3个单项金牌，跳马和团体银牌以及个人全能铜牌共6枚奖牌，成为本届奥运会获得奖牌最多的选手和本届奥运会的焦点人物。国际体操联合会以他的名字命名了“吊环李宁摆上”和“双杠李宁大回环”两个动作。

不容置疑，李宁是一位体操天才，他的体操生涯闪烁着奇异的光彩。运动员都希望有一个好的开端，也有一个好的结局。李宁本可以早些光荣引退，但后备力量没上来，中国体操需要他再撑一段时间。他服从了需要，坚持带伤训练。明知自己伤多，困难大，但为了祖国，为了拿金牌，他还是出征了汉城奥运会。结果，1988年的汉城奥运会成了李宁的滑铁卢，比赛中他5次失误。李宁从昔日“王子”的宝座上跌落下来，成了千夫所指的

"败将",他内心的痛苦难以用语言来形容。

真可谓"英雄一生,失误一时",李宁的运动生涯不得不以失败告终,很不圆满地画上句号。他不无感叹地说:"看来,我还是干得长了一些。过去同我同场竞争的苏联、日本老将这次都没有来,我在汉城出现难怪引起了许多同行惊讶。按理说,我现在也才25岁,不算老,隐退还是早点,但伤痛实在太多,在竞技场上,我感到力不从心。我觉得,我们中国人真正懂得体育的人太少了。要知道,体操是用人体与精神创造的艺术。我失败了,新手崛起,昨日的王子成今日败将,这就是体育。我希望大家理解体育,也理解我。"他还说出了一番富有哲理的话:"对我个人来说,过去胜利的甜酒太多,这次喝一点儿失败的苦酒是大有好处的,我的体操生命结束了,但我的人生道路还很漫长。无论是成功的经验,还是失败的教训,都值得我珍惜。"

李宁退役时,在深圳体育馆里对着在困境中支持他的朋友,满怀深情地发表了离别演说:"我马上要离开中国体操队这支队伍了,心里真有点儿舍不得。但也是没办法的事,因为我们的队伍是一支朝气蓬勃的竞技队伍,新老交替是自然规律。尽管今后我不能和队友们一起在赛场上拼搏了,但我会永远祝福他们,祝他们取得比我更优异的成绩。"

从中我们也不难看出,做人只要豁达开朗,就能把一切都看作"没什么",只有把一切都看作"没什么",才能在危难时从容自如,在忧愁时增添几许快乐,在艰难时顽强拼搏,在得意时言行如常,更能在胜利时不醉不昏,令生活的阳光更加灿烂。

豁达开朗不仅仅意味着一种超然,它更是一种充满智慧的乐观精神。豁达开朗可以让世界海阔天空,豁达开朗可以让争吵的朋友重归于好,豁达开朗可以让多年的仇人化干戈为玉帛。虽然说,豁达的胸怀是靠看不见的内涵作基础的,但俗话说,境由心造,每一个人若能把自己的心胸打开一点儿,我们就能拥抱到更多的阳光。这种超越一切的宽容,让我们知道什么是海纳百川,有容乃大。豁达开朗让我们通向伟大诗人泰戈尔所描述的美妙境界:"生如夏花之绚烂,死如秋叶之静美。"这种对待生活的豁达态度，让人变得开朗、乐观、积极向上。

豁达开朗，乐观面对人生。对于同一条人生之路，悲观者只是痛不欲生地走路，越走越困难。而看开一切、快乐地面对人生的人，却会在困境中欣赏着路上的美景，忘却了痛苦，越走越轻松。人生不就是这样吗？

3. 树立乐观思维，让忧虑终止

人性固然有许多弱点，如自卑、忧虑、嫉妒、懒惰、虚荣、贪婪、消极等。然而，忧虑是应该让其坐上第一把交椅的了，因为它总是死纠硬缠着人间所有的人，成为一种流行于人间的“顽疾”。每个人几乎每天都会花费大量时间用来为自己或家人或工作担忧，尽管这种心理行为至少是无益而又徒劳的，尽管许多成功人士提出了医治“忧虑症”的“良方”，可是还有不少人还是因“忧虑症”而毁了他们的生活。于是人们纷纷说：“人生真是‘苦、短’呀！”活在世间只有短短几十年，却被“忧虑症”困扰得疲惫不堪。于是有人就把人间直称为“烦间”。

其实，尽管忧虑是我们生活中常见的一种最消极而毫无益处的情绪，但是人们每天还是会花费许多宝贵的时间无休止地为某些事情忧虑。对每个人来讲，无论是沉湎过去，还是忧虑未来，愁也好，忧也罢，其结果都是在浪费精力，而对问题的解决依然是无济于事。

事实上，忧虑永远不是解决问题的办法，而真正能够解决问题的办法是制订计划以及思考好解决问题的途径。除此之外，你无论对未来多么忧虑，甚至为忧虑而死，你也无法改变事情的现状。

犹太人有一句谚语，只有一种忧虑是正确的，那就是为忧虑太多而忧虑。

忧虑是一种客观存在，但能否减轻忧虑却要靠主观努力。

当你为一件事忧虑时,应该知道,你所忧虑的事可能发生,也可能不发生;可能和不可能的事实,不会因你的忧虑而改变。恰恰相反,忧虑只会减少你应付情况的能力。只能是"借酒浇愁愁更愁,抽刀断水水更流"。

有一位患者这样诉说他的忧虑:早晨起床,他刚想打开窗子透透空气,突然想起报纸上公布的城市空气污染的严重状况,而呼吸进这样的空气可能致癌。他端起一杯咖啡,却突然记起健康专家的忠告,喝过量的含兴奋剂的饮料会引发心脏病。他走下楼梯,眼前又突然出现一个月前邻居不慎摔死在楼梯上的情景。每时每刻都可能发生的危险使他心中充满恐惧。

事实上,要想让忧虑终止,只要树立起乐观思维,把看法和重心转移一下就可以了——让自己有一个新的、开心点儿的看法。下面这位美国老水兵的回忆就能让你有所感悟。

1945 年 3 月,我在中南半岛附近 276 英尺深的海下,学到了一生中最重要的一课。当时,我正在一艘潜水艇上。我们从雷达上发现一支日军舰队——一艘驱逐护航舰、一艘油轮和一艘布雷舰正朝我们这边开来,我们发射了 3 枚鱼雷,都没有击中。突然,那艘布雷舰直朝我们开来(一架日本飞机把我们的位置用无线电通知了它)。我们潜到 150 英尺深的地方,以防被它侦察到,同时做好应付深水炸弹的准备,还关闭了整个冷却系统和所有的发电机器。

3 分钟后,日本的布雷舰开始发射深水炸弹。天崩地裂,6 枚深水炸弹在四周炸开,把我们直压到海底——276 英尺的地方,深水炸弹不停地投下。整整 15 个小时,有二十几枚炸弹就在离我们 50 英尺处爆炸。如果深水炸弹距离潜水艇不到 17 英尺的话,潜艇就会被炸出一个洞来。当时,我们奉命静躺在自己的床上,保持镇定。我吓得无法呼吸,不停地对自己说:"这下死定了。"潜水艇的温度几乎有摄氏 40 多度,可我却全身发冷,一阵阵冒冷汗。15 个小时后,攻击停止了。显然那艘布雷舰用光了所有的炸弹后开走了。这 15 个小时,我感觉好像是 1500 万年。我过去的生活一一在眼前浮现,我记起了做过的所有的坏事和曾经担心过的一些很无聊的小事,我曾担忧过:没有钱买房,没有钱买车,没有钱给妻子买好衣服。下班回家,常常和妻子为一点儿芝麻小事而吵嘴。我还为我额头上一个小疤——一次车祸留下的伤痕发愁。多年之前,那些令人发愁的事,在深水炸弹威胁到生命时,显得那么荒谬、渺小。我对自己发誓,如果我还有机会再看到太阳和星星的话,我永远不会再忧愁了。在这 15 个小时里,我从生活中学到的,比我在大学念 4 年书学到的还要多得多。

这位水兵的经历告诉我们,没有一个人是一帆风顺的,因此每个人都必须锻炼应付挫折的能力,只要具备了这种能力,就能有效克服,并调理好情绪。

要想树立起乐观思维,让忧虑终止,可采取下面几个步骤:

一是冷静分析。解决问题一定要找出问题的原因,不然无从下手。

二是作最坏打算。把后果想透了,就能降低问题所带来的压力和恐惧。

三是沉着应对。立刻想办法让情况不要恶化,然后平静地想办法改善最恶劣的情况。

人既活在世上,就难免会遇上苦恼,“月有阴晴圆缺,人有悲欢离合,此事古难全”。真正想明白了这一点,对你忧虑的减轻大有益处。

4.

远离烦恼，用微笑面对生活

一个年轻人四处寻找解脱烦恼的秘诀。他见山脚下绿草丛中一个牧童在那里悠闲地吹着笛子，十分逍遥自在。年轻人便上前询问："你那么快活，难道没有烦恼吗？"

牧童说："骑在牛背上，笛子一吹，什么烦恼也没有了。"年轻人试了试，烦恼仍在。于是他只好继续寻找。

他来到一条小河边，见一老翁正专注地钓鱼，神情怡然，面带喜色。于是便上前问道："您能如此投入地钓鱼，难道心中没有什么烦恼吗？"

老翁笑着说："静下心来钓鱼，什么烦恼都忘记了。"

年轻人试了试，却总是放不下心中的烦恼，静不下心来。于是他又往前走。他在山洞中遇见一位面带笑容的长者，便又向他讨教解脱烦恼的秘诀。

老年人笑着问道："有谁捆住你没有？"

年轻人答道："没有啊。"

老年人说："既然没人捆住你，又何谈解脱呢？"年轻人想了想，恍然大悟：原来是自己设置的心理牢笼束缚住了自己。

"生活真是太累了！"常听一些人喊出这样一句话。其实，生活本身并不累，它只是按照自然规律、按照它本身的规律在运转。说生活太累的人是他本人为生计所累，太疲于拼命了。

生活在这个世界上，你要为衣、食、住、行去奔波，要去应付各种各样的事、与各种各样的人相处。可谁又能保证你所接触的事都是好事，你所遇到的人都是好人呢？生活中必然要有这样或那样的事，有喜就会有悲，有幸运也会有不幸的降临。人也是如此，有君子就有小人，有高尚之士就有卑鄙之徒。事物都是相对而生的，否则生活又怎么能称之为生活呢？只有当各种各样的事、各种各样的人交织在一起，才能构成色彩斑斓的世界，也只有这样的生活才是有滋味的。

在生活中，面对着各种各样不合自己心意的事，与各种各样与自己性格不相符的人相处，你会采取什么样的态度呢？是坦然、磊落、轻松地对待，还是谨小慎微，抬头怕顶破天，走路怕踩到蚂蚁？

有一位大学教授，他想作一项关于社会问题的调查，于是他出了校门之后就上了一辆出租车，并很自然地和出租车司机聊了起来："最近生意怎么样？"

"很糟糕！"司机说，"油价像疯了一样地上涨，而政府只说补贴但就是不见动静，这年月的生意真是不好做啊！哪能跟你们比啊，整天都有那么多的自由时间，钱也不少赚！"

教授于是换了一个话题："嗯，你的车坐着倒是蛮舒服的。"而前面的司机却打断了他的话，说道："舒服什么啊？那是因为你不用像我这样整天开着车，让你一天坐12个小时你试试看？"

教授的心情也很受司机的影响，他不想再继续和这位司机说话了。到了下午，教授去朋友家办了点儿事，从朋友家出来时，天色已经很晚了。于是，他又叫了一辆的士。的士的主人是个女司机，脸上挂着灿烂的笑容，她用一种显得轻松愉快的语气问道："您好，请问您要去哪儿？"

教授很快就被她的笑容感染了，禁不住问道："看来你今天的心情很不错啊！"女司机笑了笑回答说："我每天都是如此，既然快乐也是一天，烦恼也是一天，那为什么不快乐地过好每一天呢？"

教授再次问道："我听说出租行业最近不是很景气，油价也上涨得厉害，这对你们的收入一定会有很大的影响吧？"

"要说影响嘛，当然会有了。"女司机说，"可要看怎么说了，跟那些下岗、失业的人相比较而言，尽管我们比别人更辛苦一点儿，日子过得还算不错吧，我也知足了。"

"你每天都那么辛苦，怎么还依然挺开心的呢？"教授对这名女司机的好心态产生了兴趣，于是，他进一步追问道。

女司机回答道："其实也没有你想象中的那么辛苦，只要摆正心态，好好干，也就不会觉得不开心了。"

等快到达目的地时，女司机的手机响了。教授听得出来，是一名要去机场的回头客。

卡耐基认为，要想克服由小事情所引起的困扰，只需把目光转移一下就可以了，那就是让自己有一个新的，能使自己开心的看法。人活在世上只有短短的几十年，不应该再浪费宝贵的时间，去为一些芝麻大的小事而忧愁烦恼。

在科罗拉多州长山的山坡上，躺着一棵大树的残躯。自然学家告诉我们，它曾经有过400多年的历史。在它漫长的生命里，曾被闪电击中过14次，它都能战胜。但在最后，一小队甲虫的攻击使它永远倒在了地上。

那些甲虫从根部向里咬，渐渐伤了树的元气，虽然它们很小，却是持续不断地攻击。这样一个森林中的巨木，岁月不曾使它枯萎，闪电不曾将它击倒，狂风暴雨不曾将它动摇，却因一小队用大拇指和食指就能捏死的小甲虫，终于倒了下来。

我们其实就像森林中那棵身经百战的大树，我们每个人也经历过生命中无数狂风暴雨和闪电的袭击，也都坚持过来了，可是却总是为一些小事情烦恼。我们要摆脱这种思想，才能快乐生活。

徐媛家访回来时，天已经很黑了。隆冬的天冷极了，徐媛把脑袋缩进衣领，把双手装进厚厚的手套里，眼镜冻得上了霜，索性就摘下来放进衣兜里。为了早到家，徐媛抄了近路。哪知道出了小区侧门却是正在修整的热管道重地。白天可以看到警示牌，晚上什么也看不到。

徐媛一脚踩空掉进了近二米深的地沟里。天黑、寒冷、害怕、惊吓、疼痛，她在下边挣扎了不知道多久。此时的徐媛感觉好像过了几年一样：过去的生活浮现在她的眼前，那些让她烦恼的小事记得特别清楚：舍不得买衣服，为了小事和同事斤斤计较……

在深深的地沟里，在威胁生命的那一刻，这些小事显得多么荒谬、渺小。徐媛对自己发誓，若爬出这深深的地沟后，就永远不会再为这些小事烦恼忧愁了！

世上本无事，庸人自扰之。其实，很多时候，烦恼是我们自找的。要想从烦恼的牢笼中解脱，首先要“心无一物”，放下心中的一切私心杂念。由此想到了萧伯纳的一句话：“痛苦的秘诀在于有闲工夫思量自己是否幸福。”

生活毕竟是公平的，对谁都是一样，没有绝对的幸运儿，更没有彻底的倒霉鬼。你有这样的不幸，他还有那样的烦心事；别人有那样的好机会，你还会有这样的好运气。所以，千万别把自己说得那么悲惨，更不要把自己缠绕在自己织的网中，解脱不出来。抛开心灵的重担，方能无负担地朝着自己的理想和目标大步迈进。

远离烦恼，我们用微笑面对生活，生活也会用微笑对待我们。我们用乐观向上的积极态度面对生活，相信生活一定给我们一个很好的回报。

因此，不要让自己长期生活在烦恼和压抑之中，不要让自己的琴弦绷得太紧，而是要远离烦恼，用微笑面对生活。也只有这样的生活才更舒心、更精彩！

5. 少一分抱怨，多一分快乐

一天晚上，外面正下着大雨，猴子和癞蛤蟆坐在一棵大树底下，互相抱怨这天气太冷了！

“咳！咳！”猴子咳嗽起来。

“呱——呱——呱！”癞蛤蟆也喊个不停。

他们被淋成了落汤鸡，冻得浑身发抖。这种日子多难过啊！他们想来想去，决定明天就去砍树，用树皮搭一个暖和的棚子。

第二天一早，红彤彤的太阳露出了笑脸，大地被晒得暖洋洋的。猴子在树顶上尽情地享受着阳光的温暖，癞蛤蟆也躺在树根附近晒太阳。

猴子从树上跳下来，对蛤蟆说："喂！我的朋友，你感觉怎么样？"

"好极了！"癞蛤蟆回答说。

"我们现在还要不要去搭棚子呢？"猴子问。

"你这是怎么啦？"癞蛤蟆被问得不耐烦了，"这件事明天再干也不迟。你瞧，现在我多暖和，多舒服呀！"

"当然啦，棚子可以明天再搭！"猴子也爽快地同意了。

他们为温暖的阳光整整高兴了一天。

傍晚，又下起雨来。

他们又一起坐在大树底下，抱怨这天气太冷，空气太潮湿。

"咳！咳！"猴子又咳嗽起来。

"呱——呱——呱！"癞蛤蟆也冻得喊个不停。

他们再一次下了决心：明天一早就去砍树，搭一个暖和的棚子。

可是，第二天一早，火红的太阳又从东方升起，大地洒满了金光，猴子高兴极了，赶紧爬到树顶上去享受太阳的温暖。癞蛤蟆也一动也不动地躺在地上晒太阳。

猴子又想起昨晚说过的话，可是，癞蛤蟆却说什么也不同意："干吗要浪费这么宝贵的时光，棚子留到明天再搭嘛！"

这样的故事，每天都重复一遍。一直到今天为止，情况都没有变化。

猴子和癞蛤蟆还是一起坐在大树底下呻吟，抱怨这天气太冷，空气太潮湿。

"咳！咳！"

"呱——呱——呱！"

随着世界经济的飞速发展和社会的稳步前进,我们需要的东西越来越多,生活压力也越来越大,于是在我们的周围就出现了种种抱怨的声音:

员工抱怨老板太抠门,不但待遇不乐观,工资还非常低。然而老板却抱怨员工的工作效率太低,干活太少太慢。

妻子抱怨丈夫不够体贴、赚钱少、臭毛病多等;然而丈夫却抱怨妻子啰啰唆唆、絮絮叨叨,像个老太婆。

钱少的抱怨物价飞涨,没钱买房买车;然而钱多的却抱怨自己与家人团聚的时间少。

……

抱怨的声音真是太多了,人们说的绝大多数话中都有抱怨的成分。

英国著名诗人艾略特说:“抱怨就像一把火,会烧尽一切。”假使你遇事就抱怨别人,这就犹如你放弃轻松愉快的生活,将自己推向苦海。

抱怨是一枚威力强大的定时炸弹,谁把它带在身上,放在心中,到头来就只能自食其果。

抱怨能蒙蔽一个人的双眼,让他只看到生活中的黑暗与丑陋。如果彼此相互抱怨,那形同同归于尽,大家的心都永远不得安宁。

当我们对外部环境无能为力时,请不要抱怨,也不要选择放弃,而要积极培养自我的心灵自由,将自我引向积极和美好的一面。要始终在内心积聚力量,等待时机,最终为自己赢来好的外在环境。

林克身为犹太裔心理学家,“二战”期间被关进纳粹集中营,遭遇极其悲惨。他的父母、妻子和兄弟均死于纳粹的魔掌,唯一的亲人只剩下一个妹妹。他本人更是受到严刑拷打,朝不保夕。

有一天,他赤身独处于囚室,忽然之间顿悟,产生了一种全新的感受——日后命名为“人类终极的自由”。当时他只知道这种自由是纳粹德寇永远也无法剥夺的。从客观环境上来看,他完全受制于人,但自我意识却是独立的,超脱于肉体束缚之外。他可以自行决定外界的刺激对本身的影响程度。换句话说,在刺激与反应之间,他发现自己还有选择如何反应的自由与能力。

他在脑海里设想各式各样的情况。譬如,获释后将如何站在讲台上，把在这一段痛苦折磨中学的宝贵教训，传授给自己的学生。凭着想象与记忆，他不断锻炼自己的意志，直到心灵的自由终于超越了纳粹的禁锢。他的这种超越感染了其他的囚犯，甚至狱卒。他协助狱友在苦难中找到意义，寻回自尊。在最恶劣的环境中，林克运用难得的自我意识天赋，发掘了人性中最可贵一面，那就是人有“选择的自由”。这种自由来自人类特有的四种天赋。除了自我意识，我们有“良知”，能明辨是非和善恶；还有“想象力”，能超出现实之外；更有“独立意志”，能够不受外力影响，自行其是。

林克在狱中发现的人性准则，正是我们营造自治自立人生的首要准则——自由择志。自由择志的含义不仅在于采取行动，还代表人必须为自己的行为负责。个人行动取决于人本身，而不是外在环境。理智可以战胜情感，人有能力、也有责任创造有利的外部环境。

吴稼祥说：“大气来自静气，不能静的人不能大。被踩了一脚，听到一声‘对不起’，这是人踩的；被踩了一脚，听不到什么，还看见一张恶狠狠的脸，这是驴踩的。于是我们大怒。其实，被驴踩了一脚，有什么可怒的？我们的大多数愤怒来源于把不是人的东西当人看。生活当中，有许多这样不是人的东西。其实，我们在某些时候更需要静气，面对是非不愠不火。只要我们稍加克制，就会免去许多困扰，从而也就免除了内心的愤恨和仇视，自然也就有了大气。”

的确如此，当你感到愤恨，决定出口伤人时，不妨转移一下你的视线，恨意会随之减弱甚至消逝，抱怨的话语自然也就不会从你嘴里出来伤人了。

少一分抱怨，多一分快乐。生活总是这个样子，回想美好的事情，你就会找到快乐，走向成功；回想失意的事情，你就会走向痛苦的深渊，无力面对生活，无力面对失败。

因此，一定要记住：你有选择的权利，有选择的力量。你选择快乐和幸福，你的潜意识就会接受，并使你成为这样的人。选择做一个快乐、友善的人，整个世界就会跟着反应。反之，你选择了抱怨，就等同于选择了失败。

第十章　舒心就要健康,均衡膳食运动强身

舒心生活的前提是健康。有了健康,才拥有幸福的生活,有了健康,才拥有充满阳光的世界,有了健康,才能快乐工作追逐梦想,有了健康,才拥有事业的灿烂与辉煌。健康是福,健康是根,健康是一切的保障。没有健康,便没有了一切,即使挣下再多的钱,也不过徒留一叹。

1. 健康是舒心生活的基石

舒心生活,心态是前提,健康是基石,有了健康才能舒心生活。健康不仅是革命的本钱,更是一切快乐的基础。人们都喜欢朝气、阳光、充满灿烂笑容的人,因为他们给人一种朝气蓬勃、活力四射的健康感受,我们能体会到他投入到生活的那份激情。试想,没有健康,如何舒心生活?身体不舒服,根本没精神去玩什么风花雪月浪漫追求;没有健康,连生活都难,又何谈舒心生活!所以,要舒心生活,首先就要健康。

世界卫生组织早在1953年就提出“健康是金子”的口号,希望人们要像对待金子一样珍爱生命。其实,健康比金子还珍贵,因为健康很难再生或不可再生,一旦失去,再先进的高科技都无法使受损的机体恢复到原来的状态,就像一张白纸,揉过之后再也不可能恢复到原先的平整一样。

很多人认为自己年轻,能吃能睡没病,有了病坚持一下就挺过去了,病入膏肓才如梦初醒,但一切都晚了。为什么?总有人说是不得已,总有人说没办法,其实这都不过是借口。真正的原因无非是我们太过功利,总

想在滚滚红尘中多捞一些名、利、金钱、地位、成就以及想要的一切，却不知我们在拼命追求这些本不属于我们的东西时把我们已经拥有的最重要的珍宝丢失了。

舒心是我们对生活的一种感受，一种体验，更是一种心态。只要心态好，身边处处充满舒心，有快乐心态的人在任何情况下都会让自己舒心起来。身体健康，身强力壮，精力充沛，任何时候想干什么就可以干什么，没有心有余而力不足的窘态，当然就会时时都舒心都快乐都明媚。

健康是舒心生活的基石，因为健康让我们精力充沛，心情愉悦。所以要想舒心生活，首先就要保持健康。其实保持健康也并非难事，预防、消除亚健康，"主动养生"，有良好的生活习惯，科学饮食，都对我们的健康有积极的作用。想要健康、想要舒心生活的人不妨记住这个公式：健康＝主动营养＋主动休息＋主动锻炼。

平时注意营养的及时补充，不要过分透支自己的体力，学会主动休息，更要主动锻炼，因为锻炼是让身体保持健康状态的上佳途径。试问一下自己，有多少时间是在电脑、沙发上度过的。你为自己做好了很好的健身计划了吗？有多久没有运动了？"跑步"这个简单到随时都可以展开的运动，你是不是也发现，它早已被尘封在我们儿时，学生时代嬉戏的记忆里了呢？

但对于那些工作繁重的人士来说，保证正常的作息习惯更为重要。平时要尽量多抽出时间，和朋友一起活动活动筋骨，避免运动的枯燥乏味；还要注意保持正常的饮食习惯，如果不能准时吃饭，或者只能在快餐店里解决午餐，也要注意多摄取糖类、蛋白质、脂类、矿物质、维生素等必须的营养物质。最好早晨一杯温开水，促进体内霉素随尿液和汗液排出，增强抵抗力。此外保证充足的睡眠也是非常关键的，由于疲劳造成的效率低下只会让工作变成额外的负担。

有健康就有舒心，失去健康，生活就会沉重和阴暗。健康是舒心生活的基石，保持健康，才能保持舒心，才能幸福生活，快乐工作。

2.

呵护身体，享受健康

健康是人生的第一幸福。健全的思想寓于健全的身体，不论有多么出众的才能和力量，一旦失去了健康的身体，人生将化为乌有。

有一个年轻人，总是抱怨自己太贫穷，命运不济。他常常自怨自艾地说："我要是能有一大笔钱该有多好！那时候我就可以舒舒服服地生活。"

这时候，有一位老人从他身边走过。听了他的话，老人问道："你为什么要抱怨呢？你已经很富有了啊！"

"我有什么财富？"年轻人困惑不解，"我的财富在哪里？"

"那好，我现在出 50 万，请你把你的眼睛卖给我，可以吗？"老人说。

年轻人慌忙说："你在说什么？我的眼睛是多少钱都不会卖的！"

老人又说："那么让我砍掉你的双手吧！我一样会给你 50 万……"

"你疯了吗？你给再多钱我也不会让你砍掉我的双手！"年轻人说。

这时老人就说了："你看，现在你已经拥有 100 万的财富了，其实你已经是个百万富翁了，对吧？那为什么你还要抱怨命运不佳呢？记住我的话：健康——这是无价之宝，是金钱难以买得到的。"说完老人就走开了。

这是一个发人深省的故事，告诉人们：千万别忘记，在这个世界上，身体是智慧的永恒伴侣。健康的身体是幸福之本，也是成功之本。我们的身体就像一个银行，健康账户如果被严重透支，银行就会垮掉。

俄罗斯有句关于健康的谚语："一切好事都是'0'，唯独健康是'1'。"由此可见健康的重要性，所以大家都要珍惜自己的"1"，并在此基础上争取更多的"0"。年轻的朋友，不要自恃青春年少，便忽略了自己的健康。我们照顾身体50年，它也会照顾我们50年；我们折磨它50年，它也会折磨我们50年。如果将健康当成一个户头，而我们总是透支，不做投资，那么总有一天健康会破产的。

凡是有志成功、有志上进的人，都不可以忽视健康的重要。只有拥有健康才能拥有一切，才是最幸福的。学会关注自己，学会保护自己，身体健康，我们才能更好地享受人生。

可是，在现实生活中，有的人不重视自己的身体健康，以牺牲健康为代价去赚钱敛财，这实在是一种缺乏远见的行为。有的人年轻时拼命用健康去换取金钱，年老时却又期望用金钱买回健康，这是不可取的。获得健康并不一定要花太多的时间和金钱，只要选择适合自己的方式，坚持运动并持之以恒就行了。

应该以"生命无价"的观念来看待生活，要知道，没有什么事情值得你牺牲健康去换取，地球离开谁都会照样转动，你不必把自己看得不可替代。学会放松自己吧，养成劳逸结合的良好习惯，才能拥有更高的效率，才能更长久地享受健康，享受生活。

3. 加强锻炼，生命在于运动

随着科学技术的飞跃发展，生产、生活日益现代化，许多繁重的体力劳动逐渐为机器、仪表、电脑等机械化、自动化设备所代替。许多重体力劳动变成轻体力劳动或脑力劳动了。

法国著名思想家伏尔泰有句名言："生命在于运动。"这句名言流传到世界各地，甚至成为某些人的座右铭。为什么生命和运动的关系如此密切呢？请你看看下面的事实：

把刚出生不久的白兔、夜莺和乌鸦关在笼子里，不让它们出来活动。尽管按时喂它们营养丰富的食物和水，按时让它们睡觉，但它们发育得还是很缓慢。等它们长大以后，虽然外表和没有禁锢的白兔、夜莺、乌鸦一样，但放出以后，就可以看到发生在它们身上的悲剧：兔子刚跑几步就栽倒在地上死去；夜莺没有飞多高，就从半空中摔下来；乌鸦还没有飞到树枝上，也"哇哇"地叫了几声坠地身亡。试验者给它们进行了尸体解剖，发现它们有的心脏破裂；有的动脉撕开。这是因为长期缺乏运动，内脏器官发育不良，不适应剧烈运动时血压升高的缘故，所以它们的心脏和血管弹性是极低的。

生命在于运动，健康在于锻炼。缺少运动致病致衰，加强锻炼可防病抗老。对于人到中年以后的衰老现象，国内外科学家论点很多，但有一点，各派观点是一致的，即一些慢性疾病的产生与人体过早衰老，可能与缺少体力活动有关。体力活动量减少，身体的生理上和心理上的疾病会随着衰老的加快而越来越多。

进行体育锻炼与否，人的体质会有很大的差别。不锻炼的人，对外界的轻微变化就适应不了，而经常锻炼的人则能适应较大的外界变化。如冬泳运动员能在零下 20 多度的严寒条件下，敲开冰层到水中游泳；足球运动员能在 40 度的酷暑条件下踢足球；训练有素的战士能全副武装步行 100 多里路并进行作战。他们在游泳、踢球、行军时，身体的体温、脉搏、呼吸、血压等基本生理功能都能适应激烈运动环境的变化，处于相对稳定的状态；停止运动后，能迅速恢复正常。这对于没有经过锻炼的人，是难以想象的。

中国红十字会会长，原卫生部部长钱信忠，出生于上海。他是一位德高望重，学贯中西的医学专家。虽然年过古稀，仍然体魄健壮，精力充沛，勤勤恳恳地为13亿人民健康事业贡献力量。

他谈自己的健康长寿经验时强调，长期注意体育锻炼至为重要。作为医生，从生理角度看，坚信“生命在于运动”这个科学道理，他从小就喜欢长跑、游泳、足球等体育运动。到上海学医，每天早晨都坚持练习长跑，每天都要跑上万米的路程。参加了红军之后，经常和战士出操，翻山越岭，锻炼身体，身体并没有因战斗频发而垮下来，相反，由于长期锻炼，对他的身心有着极大的好处。1932年，国民党进行第四次围剿，在湖北麻城张店一次战斗中，部队医院被敌人包围了，他镇定自若，首先考虑的是伤病员和其医护人员的安全撤退，自己则留到最后。敌人的包围圈越来越小了，他不能束手待擒，怎么办？就是靠自己体质和勇气，以矫健的动作，以最快的速度翻山越岭，冲出重围，赶上了队伍。他认为，如果平时没有很好的长跑锻炼，要想闯出敌人的包围圈就困难了。

解放后，他担任过许多职务，不管怎样忙，仍每天坚持锻炼。要是工作太紧张，没有时间锻炼，他就因地制宜，抽空练练踢腿，或原地跑步等。除了注意锻炼的长期性之外，他还注意讲求锻炼的数量和质量，因为有了数量（量变）之后，才能有质量（质变）。现在年事已高，不可能作年轻时那种大运动量的锻炼了，他便做一些适合老人的体育运动。每天早上5点便起床，跑步3000米，为时约30分钟，接着练太极剑等武术，也是30分钟左右。每到夏天，如果时间允许的话，还要每天游泳。他强调，锻炼时要循序渐进，不能操之过急。因为人的五脏六腑等器官都有一个适应的过程，要适当照顾到各方面，体质较弱或有慢性病的人，更不能操之过急。他又强调，除了注意体育锻炼之外，还要注意脑力的锻炼，因为用脑越多，思维越敏捷。他现在还能胜任《医学大百科全书》和《医学小百科全书》的主编工作，虽然年事已高，但身体健康，还足以应付繁重而又极其复杂的编纂工作。

这位年逾古稀的老医生，现在以练武作为主要的强身手段了。在1958年春天，他每天早上常常从家里跑步到东单公园，被那里天天坚持练习太极拳的“拳民”所吸引，使他逐渐产生了练武的兴趣。

20多年来，他已学会了少林拳和刀、剑、棍等多种器械，据说近年来又学会“五星椎”。他打起拳来，蹿蹦跳跃、闪展腾挪、刀劈枪扎、剑刺棍扫，习习风生，威武雄壮，武艺娴熟，仿佛是一个行家。他说：“我爱好体育，是个受益者，体育锻炼使我增强了体质，能担负起比较繁重的工作。可是随着年龄的增长，除了长跑、游泳几个项目还能坚持外，其他如足球等大部分项目，体力达不到了，就是长跑、游泳也受一定的客观条件的限制。游泳一般只能在夏天进行，长跑虽然四季都行，但也受居住环境的限制。武术，就不受任何客观条件的限制，即使时间短，或体力情况差时，也可以练，一套拳打不下来，走一趟来回也行。这是我坚持学拳的原因。我学拳，主要是为了掌握一种更适合自己性格的健身手段。”

他还认为，单纯强调身体健康还不够，要提倡身心健康，这就是说：“要加强身体健康和心理健康两方面的锻炼，而且加强自身的心理健康更为重要。”因为心理健康就会使人精神愉快，平时要加强思想、文化、品德等各方面的修养，修养得越好，私心就越少，事业心就越强，对党、对人民的考虑就越多，这样，心情就会开朗，烦闷就会减少，心理健康又可促进身体的健康，这是相辅相成的。

运动可以锻炼我们的体魄，增强我们的抗病能力，其重要性自不待言。但是，运动又是一把双刃剑，过量或者不适宜的运动不仅不能锻炼身体，反而会伤害身体，甚至造成猝死。因此我们在运动时一定要选择适合自己的运动项目，并保持正确的运动态度，这样才能让运动发挥它健康的一面，强健我们的身心。

4.

家中也能运动

别以为运动一定要去健身房和或户外，只要你想运动，就在家里也可以让你达到运动的目的，健身的效果。

办公室的“白领”大多知识层次高，年轻干练，理当年富力强，朝气蓬勃，不应有什么病。可是工作节奏快，工作压力大，而且不断地为了适应竞争性的环境和生活，会夜以继日地工作。平时业务繁忙，每天除了睡觉以外，几乎时时刻刻坐在椅子上，不断地和电脑打着交道，脑力和视力的消耗相当大。久而久之可能出现脑贫血、视力下降，同时也可能出现包括便秘、痔疮、颈椎病、心脏病、肥胖病等多种病症的综合性疾病。因此，忙碌了一天无暇运动，这时，等下班后回到家里对于“坐”了一天的白领们而言是最好的运动。

在家中运动的秘诀，在于选择简单、轻松、短时间可以达到很好放松效果的运动。这些运动也应该能够帮助你预防或减轻酸痛的症状。

家里最轻松最方便的运动就是伸展运动，因为一个姿势持续太久，肌肉就会疼痛、绷紧，这时候我们要把肌肉拉长，让它伸展、放松。以下就是上班族最需要的家里轻松小运动，这些运动都只需要用很短的时间去做，就可以达到很舒服的效果。你可以每种都做，也可以选择你喜欢的来做，不要勉强自己一次做太多，运动时要有那种肌肉拉开、舒畅的感觉。

(1)颈部操

前后动作：下巴尽力贴胸，用力后仰至极限；左右动作：尽量在不翘肩的情况下把耳朵贴到肩上。每次四个八拍，分别做两次就可以了。

(2)手腕

手掌使劲向后张开，不松劲时手指尽力往回扣。每次四个八拍，每天一次。

(3)上肢

借助椅子进行简单的俯卧撑，有能力的可以把脚放在椅子上，手放在地上进行。每组 12 个，每天三组，间隔时间不宜过长。此法同时可锻炼腹肌、胸肌和背肌。

(4)腰部

站立，双脚分开，手叉腰，做转腰动作，按顺、逆时针交替做，次数不限。这可以使内脏器官得到按摩，对肠胃病有一定辅助疗效。

(5)腿部

两腿合拢，身体站直，在脚不动的情况下蜷曲双腿(尽量成团)，臀骨紧贴脚后跟，站起(保持脚跟不离地)。注意要慢蹲慢起，站起来时上身要垂直于腰部。

同时，作为上班族，整天坐在办公室里，每天八小时(甚至更长)待在座椅上，三餐照吃着，长此以往，小肚腩、游泳圈也难免会找上我们。有了小肚腩、游泳圈怎么办呢？下面就教大家一套睡前运动操，坚持每日练习，减腹效果绝对明显。

(1)仰卧在床上，双腿弯曲，双手放于身体两侧，两脚平放于床上。脚跟用力，慢慢抬起臀部，再缓慢降低至起始姿势。如此重复 10 次。可根据承受能力将抬起高度逐渐增加。如需再加大难度，可以单脚支撑进行练习，或在腹部增加重量(例如放枕头或者书)。

(2)俯卧在床上，双臂向前伸直。慢慢抬起上身到最高点，微微抬头，再缓慢降低至起始姿态。保持腹部及以下紧贴于床垫上，不要用力过猛。重复 10 次。如果双臂向前伸直较难做到的话，可以将双臂撑在身体两侧，与肩平齐地做这一动作。

(3)侧卧，左手支头，右手放在身前支撑住身体，提高右腿做侧抬腿，左腿蜷起。注意，身体伸直，脚尖向下，脚跟向上。动作要放慢。每条腿重复 20 次。有酸痛感是正常现象。

(4)跪在床上，双手支撑。慢慢抬起和伸直右臂和左腿到最高点，再缓慢降低至起始姿态。然后交换抬起左臂和右腿。保持头部与脊柱的自然状态。抬起高度可以逐渐增加，向上时呼气。重复 10 次。这个动作有些难度，开始可以放慢动作，以保持平衡为主。练习一段时间以后，动作就会比较标准。

每天坚持运动，只要坚持一段时间，你就会发现你那顽固的小肚腩神奇地消失了。

5.

合理营养，均衡膳食

均衡膳食指能提供全面、均衡营养的膳食，膳食应以谷类为主食物多样化，每天平衡吃多种食物，如能达到 30 种最好，每一样都少吃点，但不要偏食。

均衡膳食包括健康的饮食和良好的饮食习惯两大方面。健康的饮食是指膳食中应该富有人体必需的营养，同时还要避免或减少摄入不利于健康的成分。良好的饮食习惯包括按时进餐、坚持吃早餐、睡前不吃饱、咀嚼充分、吃饭不分心、保持良好的进食心情和气氛等。成年人每天的食谱应该包括以下 5 类食物：

第一类为五谷类。每人每天根据活动量和消化能力的不同需要 250～600 克(5～12 两)。重体力劳动需要的量可能更大。粮食的品种应该多样，提倡多吃粗粮、杂粮，因为粗、杂粮比精细的粮食更有营养。

第二类为蔬菜水果类。蔬菜水果含有丰富的维生素、矿物质和纤维素，对健康非常重要。一个成人每天至少应该吃 500 克(1 斤)的新鲜蔬菜及水果。

第三类为蛋白质类。豆腐、豆类、各种肉类、家禽、水产及蛋类含有丰富的蛋白质。成人每天进食 200～300 克(4～6 两)为宜；奶类(牛奶、羊奶、马奶、奶酪等)也是很好的营养饮品，每天饮 250～500 毫升为宜。

第四类为油、盐、糖等。烹调应该以植物油为主，尽量少吃或不吃动物油，每人每天不超过 20 克(两瓷汤勺)植物油，不超过 6 克盐，高血压病人或有高血压病家族史的人每天食盐的摄取在 4 克以内。尽量少吃糖，糖分是增加中性脂肪导致肥胖和糖尿病的原因。

第五类为合理补充维生素、矿物质和食物纤维。

2007 年中国制定了《中国居民平衡膳食指南》，明确指出什么叫平衡膳食，而且以五层的“平衡膳食宝塔”的形式显示出来，从塔基开始，引导粮食类的消费、谷类的消费，250 克～300 克之间，也可以到 400 克。特别提出要多吃杂粮类。《指南》提出吃得要粗一些、杂一些，吃一些玉米面、小米、高粱米等杂粮，这样增加膳食纤维以及 B 族维生素的摄入量。它给大家提出一个量，250 克到 400 克之间的范围。

塔的第二层就是蔬菜水果类。蔬菜是 300～500 克，而且强调蔬菜的多样化，有色蔬菜要占一半以上。水果也是 200 克到 400 克，多种多样的。水果和蔬菜这两类东西是不能替换的。这两层是膳食当中的主要两大类食物。

第三层是动物性食物，就是通常所说的鸡鸭鱼肉类。畜肉类就是大家所说的一两到一两半，50 克到 75 克，像猪肉、羊肉、牛肉、鸡鸭等。鱼类吃 50～100 克，还有蛋是半个到一个，这就是动物性食物一类。

第四层是根据中国人膳食的特点，因为中国人的钙比较缺乏，就要求大家多喝奶类，多吃豆制品。鲜奶 300 毫升。1 毫升的奶提供给你 1 毫升的钙，就可以得到 300 毫升的钙，如果按照这个量再高一点，500 毫升也可以。豆制品相当 50 克豆子的豆制品，比如说二两豆腐、150 克豆制品，或者是 800 毫升的豆浆等，差不多都是这个量。这也会提供人体的钙质和优质蛋白，还有矿物质等营养素。这一类是必不可少的。

塔尖，即第五层提的是油和盐。盐，中国人吃得比较多。通过全国营养调查，从南到北 12 克到 15 克不等，世界卫生组织规定 6 克，我们超了 1 倍还要多，所以一定要控制盐。

还有油，调查结果显示，城市 44 克油，农村 42 克油，炒菜的油量非常大。我们的膳食指南规定是 25～30 克，现在实际摄入量的油也超过 1 倍，所以炒菜的时候一定要呼吁大家少放油，油放多了对血脂的增高是有直接影响的。

所以，宝塔的五层显示了整个平衡膳食的结构，如果大家按照各种食物量进食的话，安排一日三餐，长期坚持，使身体健康是没有问题的，也能够满足大家营养膳食的要求。

第十一章　舒心就要养心，调节心情凝神自娱

养生先养心，心养则寿长。对于现代都市人来说，谁拥有了心理平衡谁就拥有了健康和长寿。“养心”就是拥有心理平衡的重要方法。何谓“养心”？《黄帝内经》认为是“恬虚无”，即平淡宁静、乐观豁达、凝神自娱的心境。我们只有“养”好自己的心，才能拥有更加舒心的生活。

1. 调节情绪，养出好心情

我们的心灵就像一个大花园，自信、快乐、热情、振奋、感恩等正面情绪就是其中的奇花异草，而抑郁、恐惧、愤怒、绝望之类的负面情绪就是其中的杂草。奇花异草能促进我们身心的健康，而杂草则会对我们的身心造成严重伤害。

在如今的社会中，快节奏的生活使得很多人在做事时都特别情绪化，容易大喜或大悲，很少处于中间的平衡状态。有的人只要情绪上来，就什么都顾不了了，什么难听话都说得出来，什么话伤人说什么，甚至还能做出不计后果的事情来。

站在医学的角度讲，情绪的好与坏会影响健康。一个不能控制自己情绪的人，健康状况堪忧，生活也过得不好，最终只会沦为情绪的奴隶；而一个能控制自己情绪的人，则是情绪的主人，情绪稳定，生理正常，不但有利于身心健康，还能好好生活。

因此，我们要做情绪的主人而不是奴隶。学会调节自己的情绪，不要

让坏情绪左右自己的心情，不要让坏情绪影响自己的生活。

如果你希望自己能在任何时候都保持平静的状态，但是你又意识到自己的情绪容易波动。那么，你目前就需要学习调节自己的情绪了。可是，究竟如何调节情绪，养出一份好心情呢？

首先你要了解自己，了解你的需求是什么。比如你很注重自己在别人心中的位置和别人对你的看法，这就是你的需求。但为何却让你无法保持冷静？因为你不知道怎样在别人心中树立良好的形象。满足自己的需求，不是件容易的事情。学会理解自己，学会理解别人，你就不会随便发脾气了。

其次是要调节自己和现实之间的距离。在理解自己和其他人的基础上，你要做出一些调节。你要提高自己的涵养和认识，通过不断地提高你会发现自己脾气小了。在你很想发脾气的时候，你也会很快调节你的情绪，让你的坏情绪迅速平静下去，从而理智地处理工作中出现的不快。

弱者让情绪控制行为，强者让行为控制情绪。当你感觉悲伤，被失败的情绪包围时，你可以引吭高歌。恐惧时，你勇往直前；自卑时，你换上新装；躁动不安时，你静坐不动。这样，行为与情绪形成了巨大的反差，那些不好的情绪就会被压制住，让你尽量保持平静，不会爆发。

需要说明的是，这不是让你做个伤心时还大笑的疯子，只是让你在工作生活的时候，在特定的场合里，让你身体的行动来缓解你情绪的巨大波动，避免做出什么不妥的举措。身在社会的大环境下，你必须学会调节自己的情绪，避免负面情绪的产生和蔓延。

对于自己千变万化的情绪波动，你不要听之任之。要知道，只有积极主动地调节情绪，才能把事情做得更好。赶走不利于事情的坏情绪，才能清醒办事，提高做事效率。

善于把情绪调动起来，奇迹就会出现，生活力量就会成倍地增长。比如战场上一句“为了祖国冲啊”，就能让战士的战斗精神一下迸发出来，全身心地投入到战斗当中。平时工作生活中这方面的例子也很多：“为了年底分红，大家好好努力啊”、“上面正缺一个副经理，谁干得好就会提拔谁”等。一句简单的话，就能把情绪调动起来，办事效率就会马上提高。

把负面情绪压制下去，把积极情绪调动起来，我们就是情绪的主人！

懂得调节情绪，才能养出一份好心情。好心情是使人生愉悦的伙伴侣，是人能做到自重自制的清凉剂，是妙手回春的良药。然而，月有阴晴圆缺，人有悲欢离合，人的一生不可能只是在轻松和洒脱当中度过。人的一生需要为学业而清苦、为工作而奔波、为生活而忙碌、为子女而操心、为竞争而拼搏。一些意想不到的突发事情和感情坎坷，随时可能出现。即使平淡的生活也有风风雨雨，好心情还需要人的善于自我调适、自我安慰、自我美容。

要有好心情，就要有平常心。做到不以物喜、不以己悲，坦然面对生活。在追求个人价值时不执意苛刻，不为名利地位所诱，不为欲壑难平而癫狂，不为遭遇挫折而沮丧，不为壮志难酬而感伤。有了心静神安的境界和淡泊名利的情操，平常心就能唤起好心情，做到凡人而乐。

人生的境界是深刻而丰富的。美妙的境界属于敏感的心灵和富有想象力的头脑。生活无论平凡还是超卓，事业无论是顺利还是坎坷，只要有一份好心情，就可获得人生乐趣。但好心情是要靠自己"养"的，这"养"说简单也简单，只要懂得调节情绪，将坏情绪从身边驱走，那你的心情就会平静如水，一切烦恼和忧愁就会烟消云散。

2. 不急不躁，遇事三思而行

急躁是神经系统兴奋和冲动的表现。犯有急躁情绪者，一事当前往往不慎重地付之行动，结果事与愿违，接着陷入灰心丧气之中。另外，内心急于求成，常伴有情绪紊乱，打破了和谐与平静的心态，给身心健康造成极大的影响。

我们一生中不可能永远都是一帆风顺。有些挫折、失败不是个人力量所能左右的，而在这些不如意的事情已经发生后，唯一能使我们的心灵保持平静的方法就是保持一颗平常心，不急不躁，遇事三思而行。

一次，某人从农村搭公家运东西的车子回城里，车到中途，忽然抛锚，那时正是夏天，午后的天气闷热难当。在赤日炎炎的公路上无法前进，真是让人着急。可是，他当时一看情形，就知道急也没有用处，反正得慢慢等车子修好才可以走。于是，他问了问司机，知道要三四个小时才可以修好，就独自步行到附近的一条河里游泳去了。河水清静凉爽，河岸风景宜人，在河水中畅游之后，暑气全消。等他游泳兴尽回来，车子已修好待发，趁着黄昏晚风，直驶城里。

经过这件事情后，他逢人便说："真是一次愉快的旅行！"

随遇而安的妙处由此可见一斑。假如换了别人，在这种情形之下，可能只好站在烈日之下，一面抱怨，一面着急，而那个车子也不会提早一分钟修好，那次旅行也一定是一次痛苦、烦恼的旅行。

在突然遭遇危难之时，不急不躁、三思而行也能让人拥有一份平静的期待，这更胜过绝望的呐喊。

一条航行在南太平洋上的船，突然遭遇飓风。风如利刃，把船体劈得伤痕累累。飓风过后，船的功能差不多已损毁，它只能如一艘小艇般在茫茫无际的海洋中漂荡。

船上的人在等了几天后见还没有救援的船来，开始变得慌乱、急躁了，他们谩骂，他们哭喊，他们到处扔自己的东西，好像死亡即将来临。

这时，有一人对他们说，他近日拥有了一项特异功能：可以半年不吃任何东西而活着。所以他希望船员和乘客们把东西和写下的遗嘱交给他，他会带给他们的亲人。

这样的话语，居然没有人怀疑。所有的人都把希望寄托在那人身上，而他们因为没有了后顾之忧，变得冷静下来了，彼此倾诉着心事。

船终于被另一条船发现，船上人员得救了，因为最终那份随遇而安的冷静，他们避免了因疯狂而可能造成的船毁人亡。

每个人的能力各不相同，因此不是每个人都有反抗命运的能力。如果无力反抗，那么，就安然地接受命运的安排，放松心情，快乐地度过每一天。这种不急躁的生活态度是值得我们学习的。

在当前社会转轨、剧变时期，就我们所承受的重压而言，有时候产生急躁情绪也是可以理解的，是我们情感的自然表达形式。但凡事都有个度，急躁也不例外，若不加以控制、避免和克服，就有可能躁极生怒、怒极生非。所以，我们要善于调节情绪，运用机动灵活的方法和策略克服和避免因急躁情绪而产生的不良后果。下面是几条克服和避免急躁情绪的攻略：

(1) 以冷静制急躁。

我们知道，急躁和冷静是相对立的。一个人愈能冷静，急躁情绪便愈是不易产生。因此，培养冷静和镇定的态度，对于帮助我们克服急躁情绪有着重要的意义。古人提倡“每临大事有静气”，推崇“猝然临之而不惊，无故加之而不怒”。对于今天的我们来说，努力培养遇事不慌、处变不惊，每临大事能够冷静、镇定和从容地加以处理的素质，是十分重要的。

遇事冷静，就是要在重大行动前，能够克服急躁心情，耐心地做好行动前的周密准备，心情平静地进入工作。

(2)工作要有计划性和条理性。

急躁情绪在很大程度上是在平时工作和生活中放松对自己的克制而逐步形成的一种不良行为习惯。积习难移，一个一向就很急躁的人，要想克服急躁，当然不是一朝一夕所能奏效的。长期形成的习惯，只有在长期的生活和工作中去逐步克服。因此，一个容易急躁的人，应当做好持久不懈地克服急躁情绪的精神准备，从点滴的日常生活、工作开始，克服急躁情绪，培养心境的宁静和稳定，建立一套新的行为规则，督促自己过有秩序的生活，进行有秩序的工作，如此长期坚持，新的行为习惯逐步形成并巩固，急躁情绪才会得到克服和消除。

首先，要培养行为的计划性。我们提倡办事应有紧张快干的作风，但是这种紧张快干并不等于仓促忙乱。我们的行动要有很强的计划性，按照计划一步步、有条不紊地进行。事前的周密计划，是避免工作中急躁情绪的必要条件之一。许多工作中的急躁情绪，都是在事前准备不足或计划不周的情况下产生的。比如，出现事先没有料想到或没有考虑好对策的困难时容易急躁,步骤混乱、工作乱套时容易急躁等等。如果事前有比较周密的计划,这些急躁大都是可以避免的。

其次,还要讲究办事的条理性。条理性和计划性应当是并存的。有时情况很紧急,许多工作都需要做,这时要特别防止毫无条理地把各项工作摆到一起,杂乱无章地乱忙一通,要分清轻重缓急,先做最迫切的事。当你在做某事的时候,要集中精力、全力以赴。有的人手里在做这件事,头脑中却在想着另一些事,这件事还没做完,又急着去做那件事,眉毛胡子一把抓。这就是行动缺乏条理性。其结果是越急越糟,一件事也做不好。

最后,生活要有节奏。应当给自己规定严格的生活制度,规定每天起床、就寝、用餐、工作、学习及其他业余活动的时间,增强生活的规律性和节奏感。严格的生活制度和生活秩序,正确的工作制度和工作秩序,对于帮助我们形成条理性和规律性,培养不慌不忙、从容不迫的行为习惯,克服急躁情绪,都有很大的作用。

(3)目标适当。

为自己的目标确定一个合理的预期时间很重要,某项事业,你要做好干十年的准备,那么两年内碰到困难和挫折,就不会引起太大的急躁。相反,某项工作如果你准备在两三天内完成,那么,第一天碰到麻烦,你就会急躁起来。因此,要避免不应有的急躁情绪产生,我们凡事都要为自己确定合理的、适度的预期时间。有的人上“大工程”,搞了几个月也没有达到预期目标,就急躁起来;有的立志当个企业家,创“惊人之举”,可也只是努力一阵子,看到收效不明显就发急,这些都是预期时间不当的缘故。而这些急躁情绪又会妨碍他们作持续的努力,最终会影响目标的实现。不管何种工作,要想取得比较突出的成就,没有长期努力是不行的。马克思创作《资本论》,前后花了 40 多年。司马迁写《史记》,共用了 18 年时间。当然,在今天,现代科学技术的发展速度加快了,需要我们以更大的努力、更快的速度去创造,花几十年时间搞一样东西出来,也许就落后了、陈旧了。但是,现代化科学知识日新月异,更需要我们用较长时间来打基础,还要不断地进行知识更新,那种幻想依靠“短促出击”而能立见成效,想经过一阵子的奋斗就来个一鸣惊人,那是十分不现实的。我们如果真想要做出一番事业,就得做好长期奋斗的思想准备,不要急躁,辛勤耕耘,成熟的季节就会到来。

(4)进退有节。

避免急躁情绪的产生，要靠平时的、日常的努力，不要等急躁情绪产生了，才想到克服它。应该在做工作、办事情之前，事先考虑一下有无导致急躁情绪的因素，提前采取措施预防急躁情绪的产生。例如，活动时间表的安排要留有余地，以便一旦发生了什么意外耽误了工作时，不至于焦灼不安。在考虑和制订工作方案时 ，应当尽量多准备几手，防止因条件限制一种方案不能实行时，造成急躁。工作之余，要注意劳逸结合，张弛适度，多看一些书、也可以思考一些无关紧要的事情，不要整天忙忙碌碌，紧张不已。这样可以使时间得到充分利用，从而减少急躁可能给自己带来的烦恼和不快。这种心理和躯体的调节，对于避免急躁情绪产生是很有用的。

(5) 急事冷处理。

我们在处理急事、难事时，应保持头脑冷静，在时间上、速度上适当放缓，通过必要的推迟、等待使事情的结局更为圆满。我们应该充分认识到自己个性的弱点，发挥主观能动性，在急躁情绪将要产生时，及时修正，进行心理上的自我放松，提醒自己“不要急”、“这件事根本就不值得急”、“急躁会把事情办坏”等，以这种心理上的放松使冲动和急躁的心情平静下来，待心情平静后，再从容不迫地投入到工作之中。进入工作后，急躁情绪还有可能不断出现，因此，需要不断地进行心理上自我放松的修正，直到急躁情绪被真正克服为止。

只要我们能够坚持急之有度、急缓相宜，注意运用灵活有效的方法和策略克服和避免急躁情绪，学会遇事三思而行，就能充分发挥其可贵之处，克服其产生的负面影响。

3.

学会倾诉，为心灵减压

语言是人类特有的沟通、交流工具，同时也是人们释放心理压力最有效的工具之一。汉语里有“一吐为快”、“畅所欲言”、“不吐不快”等成语，这些成语从一个侧面表明了倾诉对人的心理的减压作用。

许多人都会有这样的体验：在遇到痛苦和烦恼时，如果有一个值得自己信任的人能在身边认真倾听自己的诉说，尽管他没有提供很有价值的建议，但诉说之后总会感到特别轻松。这是一种很奇妙的心理作用，我们应该学会利用它。如果心中的烦恼自己无法排解时，就应懂得去寻找可以信赖的人将烦恼倾诉出来。

如果一个人能说出自己内心的压抑，那么他就很难产生心理上的问题。心理学家发现，人们心灵上的创伤以及由此引起的幻觉、梦魇、焦虑、攻击和抑郁，都可以借着对朋友、家人、心理咨询师的倾诉而减轻，甚至彻底消失。

一天夜里，晓明从他居住的那座小城，给老同学振强打电话。听到电话里晓明朗朗的笑声，振强回想起半年前那个风大雨急的夜晚。

晓明是振强的中学同窗，几分之差，与高等学府失之交臂；结婚短短两年时间，爱妻便身患绝症撒手人寰；紧接着，单位裁员，晓明又失业了……

一个冬夜，晓明把泡好烈性鼠药的杯子放在桌子上，在准备告别人世前，突然想起要给同窗好友作一番临终诀别。得知晓明在放下电话后就要自绝，振强紧张得手足无措。

强忍着恐惧与紧张，振强听晓明侃侃而谈。晓明从昔日读书时的友情，步入生活后的艰辛，到如今面临的生活困境……倾诉到泣不成声。振强除了“嗯、喂”回声，就是用心倾听。最后，晓明颇为动情地对振强说：我不小心将那杯鼠药打翻了，看来我得另找别的方式了……

让振强不敢相信的是，短短的一次倾诉，竟让一个人对生死作出了重新选择，晓明像换了一个人似的，真是让人不可思议！

倾诉是一种自我保护、自我平衡的手段，是一种正常的心理防卫机制，借助倾诉，人们可以将心中的挫折、愤怒、恐惧、焦虑等以无害的方式释放出去，而不至于危害他人。生活中的很多悲剧都像上述例子中的晓明一样，是心理能量压抑的结果，不善于表达、倾诉的人，心理能量的集中宣泄常造成毁灭性的结果。

北京市崇文区郭庄北里曾发生过一起家庭惨剧：19岁的青年孙某砍死了自己的亲生母亲和奶奶，又打电话叫回父亲，并将父亲砍成重伤。为何会发生如此人间悲剧呢？

事后记者调查发现，孙某从小不爱说话，很内向。父母对他期望很高，他未能满足父母让他考上大学的期望，父母唠叨、教训他，他也不和父母争吵，一声不吭。长期压抑，终于造成心理扭曲、变态，使心中的能量一下子爆发出来，造成了自己家庭的毁灭。邻居们说，如果家长能及时和他交流、沟通一下，让他把心里话说出来，惨剧可能就不会发生了。

我们许多人都有点强迫症的倾向。悲伤时，我们会喝得酩酊大醉；焦虑时，我们会一支接一支地抽烟；生气时，我们会气急败坏，大发雷霆；而感到孤独时，我们也许会对爱人不忠。

心里有不愉快的事，不要独自去琢磨。要找个知心的、明白事理的人，把自己的心事向其倾诉，以减轻自己的痛苦。对方的劝说可能不会有多大实际意义，可贵的是其同情和真诚的关怀。这种谈心的对象可以是自己的妻子或丈夫、母亲、兄弟姐妹、知心朋友。

有一个心理咨询中经常采用的疏泄不良情绪的例子，某医生半夜里接到一位陌生妇女的电话说“我恨透了我的丈夫”，并滔滔不绝地把她心中的郁积的不满一股脑地说了出来。医生打断她的话说：“我不认识你。”那位妇女说：“你当然不认识我，这些话我如果对亲朋好友讲，会弄得满城风雨的。现在说出来，舒服多了，谢谢你！”

生活中，垃圾桶塞满垃圾会被及时清理，而堆积在心中的垃圾却往往被忽略。来自工作的压力、生活的不幸会形成“垃圾”，若“垃圾”不能及时清理，会把人压得透不过气来，开朗的人变得沉默，性格平和的人变得暴躁，对什么都不感兴趣，连觉也无法睡好。

英国一位权威心理医学家极力推崇自我倾诉内心苦闷和忧郁的方法。他指出，这种心理上的应激反应是防治各种疾病的良药，他认为积贮的烦闷忧郁就像是一种势能，若不释放出来，就会像感情上的定时炸弹一样，埋伏心间，一旦触发即可酿成大难。若能及时用倾诉或自我倾诉的办法取得内心感情和外界刺激的平衡，则可祛灾免病。苏联医学家也认为，人的各种感情，一定要通过心理上的应激反应以各种形式表现出来，否则，将有损身心健康。

学会倾诉，为心灵减压；学会倾诉，人们的心理将会更安宁，社会将会更加和谐。

4. 作画观画，获得美好心境

生活中不如意者常十之八九，人生道路上碰上点障碍在所难免，忧郁、彷徨、烦恼、悲愤可能每个人都体验过。如果你喜欢，你可以寄情于水墨丹青，让这些充满灵性的艺术瑰宝去抚慰你那伤痛的心。

“琴书诗画，达士以之养性灵”，寄情于水墨丹青之中，沉浸于那洒满墨香的氛围之中，笔走神龙，气韵畅通，你的心胸会顿觉舒畅，感受艺术的同时也是更好地感受生命。

世界织布业的巨头之一威尔福莱特·康，尽管事业非常忙碌，在他为事业奋斗了大半辈子时，他总感觉到自己生活中缺了点什么东西似的，于是他选择了画画，每天从百忙中抽出一个小时来安心画画，不仅事业取得了辉煌的成就，而且在画画上也得到了不菲的回报——多次成功举办个人画展。威尔福莱特·康在谈起自己的成功时说：“过去我很想画画，但从未学过油画，我曾不敢相信自己花了力气会有很大的收获。可我还是决定学油画，无论做多大的牺牲，每天一定要抽一小时来画画。”

威尔福莱特·康为了保证这一小时不受干扰，唯一的办法就是每天早晨五点前就起床，一直画到吃早饭。威尔福莱特·康后来回忆说：“其实那并不算苦，一旦我决定每天在这一小时里学画，每天清晨这个时候，怎么也不想再睡了。”他把楼顶改为画室，几年来他从未放过早晨的这一小时，而时间给他的报酬也是惊人的。他的油画大量在画展上出现，还多次举办了个人画展，其中有几百幅画被人以高价买走了。他把这一小时作画所得的全部收入作为奖学金，专供给那些搞艺术的优秀学生。“捐赠这点钱算不了什么，只是我的一半收获。从画画中我所获得的启迪和愉悦才是我最大的收获！”

画不仅可以愉悦人心，陶冶性情，还可以治病疗伤。

美国有一位画家作过这样一个实验：他特地为一位癌症患者画了一幅《天上飞来的希望》的画。每当患者凝视这幅画时，那只正在波涛汹涌的大海上展翅高飞的海鸥便会使他心中升起信心和希望。医生曾断言说他活不过两年，可自从他试着每天去欣赏这幅画后，他的病竟然慢慢好转。

无独有偶，另一个以画治病的故事更有趣。据传南北朝时鄱阳郡王爷被齐明帝所杀后，其王妃悲痛欲绝，整日茶饭不思，终于一病不起。试过了各种妙方，尝遍了天下良药，仍不见好转，最后，其兄请来一位画师为鄱阳郡王爷作了一幅画像。画师深知王妃之病为相思病，经过一番冥想之后，便作好一幅画密封后转交给王妃，并让人转告她说，有人曾偷画王爷像，要王妃派亲信以高价赎取。亲信取回后，王妃展开一看，当即勃然大怒，从病床上一跃而起，大声骂道："这个老色鬼，早该千刀万剐！"原来，画上画的是郡王爷生前和一宠妾在镜前调情的丑态。可说也奇怪，王妃的病竟然从此日渐好转，最后竟然奇迹般康复。

作画可以让人沉浸，抛烦恼于脑后；观画可以让人宠辱皆忘，愉悦身心，获得一个美好心境。在现代快节奏的生活中，不妨在家中挂上几幅清丽典雅的字画，在闲暇之余细细品味，可让人赏心悦目，获得一份清净，于身心健康十分有利。

5. 欣赏音乐，涤荡身心疲惫

现代都市人久居闹市，对紫陌红尘中的千层蛛网万般世态颇多迷惑，在繁杂的事务中不知浓缩兜裹着多少奔波而且疲惫的思绪。如果你确定自己正在16岁到55岁这个年龄段，那么你的生活中或多或少都该有些压力。在心中任它们堆积和增长可绝对不是个明智的选择，于是，便希冀一种闲情逸致，向往一种宁静生活。而宁静的心境，远非旅游所能满足，唯有音乐，才能让现代人放松自我，感觉宁静。

音乐是一种听觉艺术，是一种人类共有的语言。它来源于生活，为我们的情感服务。科学研究证明：听适合的音乐，可以优化人的性格，平稳人的情绪，提高人的修养品位，甚至有养生保健、延年益寿的神奇功效。

医学专家通过大量的研究证明，人类需要通过音乐来抒发自己的感情，并从中受益。音乐可以调节人体大脑皮层的生理机能，提高体内生物的活性，调节血液循环和活化神经细胞。另外，音乐会使人体的胃蠕动更有规律，能够促进机体新陈代谢，增强抗病能力。

在医学上有一个著名的“莫扎特效应”：当你听一曲莫扎特之后，你的大脑活力将会增强，思维更敏捷，运动更有效，它甚至可缓解癫痫病人等患神经障碍的病人的病情。研究者证明，在 IQ 测试中，听莫扎特的受试者得分比其他人更高。

1975 年，美国音乐界的知名人士凯金太尔夫人因乳腺癌缠身，身体状况每况愈下，濒临死亡的边缘。这时候，金太尔夫人的父亲不顾年迈体弱，天天坚持用钢琴为爱女弹奏乐曲。或许是充满爱心的旋律感动了上苍。两年之后奇迹出现了，金太尔夫人胜利地战胜了乳腺癌。重新康复后，她热情似火地投身于音乐疗法的活动，出任美国某癌症治疗中心音乐治疗队主任。金太尔夫人弹奏吉他，自谱、自奏、自唱，引吭高歌，帮助癌症病人振奋精神，与绝症进行顽强的拼搏。

德国科学家马泰松致力于音乐疗法几十年，在对爱好音乐的家庭进行调查后注意到，常常聆听舒缓音乐的家庭成员，大都举止文雅，性情温柔；与低沉古典音乐特别有缘的家庭成员，相互之间能够做到和睦谦让，彬彬有礼；对浪漫音乐特别钟情的家庭成员，性格表现为思想活跃，热情开朗。他由此得出结论说：“旋律具有主要的意义，并且是音乐完美的最高峰。”音乐之所以能给人以艺术的享受，并有益于健康，正是因为音乐有动人的旋律。

音乐是起源于自然界中的声音，人与自然息息相关，所以音乐对人的精神、脏腑必然会产生相应的影响。音乐主要是通过乐曲本身的节奏、旋律，其次是速度、音量、音调等的不同而产生疗效的各异。在进行音乐治疗时，应根据病情诊断，在辩证配曲的原则下，选择适当的乐曲组成音疗处方。

烦恼时听听音乐，能重新燃起生活的热情，唤起人们对美好生活的回忆和憧憬，使人心理趋于平静，心绪得到改善，精神受到陶冶。

既然音乐有这么多用处，不妨在工作之余，茶余饭后，戴上耳机，听一曲柔美舒缓的音乐，让身心在优美动听的节奏中彻底放松。

6. 养花养草更养心

人曰："养花可以养性，养性即养身，养身则养心，心正则不乱，不乱则不狂，不狂则不贪，不贪则不惑。"

一年四季，当你辛勤地参与种花、锄草、灭虫、防病、浇水、施肥等劳动时，夏天把花抬到树荫下，暴雨来临时，把花置于房里，寒冬来临时，将花细心地保护，点点滴滴的劳动，点点滴滴的关怀，花如人，知恩图报，当她成熟的那一刻，她把最美的舞姿奉献给关心她的人们。雍容华贵的牡丹，出淤泥而不染的莲花，娇艳妖娆的玫瑰，亭亭玉立的兰花，给人视觉冲击力的同时也使人在自然中体验到一丝淡然。所谓"淡泊明志，宁静致远"，在物欲横流、权欲熏心的世界里，用花洗涤出一颗纯净的心灵。

养花养草更养心。听觉、视觉、嗅觉、味觉、触觉，这是花草养心强调的五感。我们用眼观赏花朵美丽的颜色；用鼻子嗅闻芬芳；听到清风与细雨拂过花枝的声音；用唇舌品尝花草美食的味道；用手去触碰绿叶与枝干。在这般与花草密切的接触中，获得身体的舒缓和心灵的慰藉。其中，尤以视觉和嗅觉的效用最为明显，这也是我们在家种花草时最容易达成的效果。

视觉：色彩疗法在园艺上拥有最天然的应用。蓝色系花朵具有镇静作用；饱和度高的红色花朵能够增加兴奋度；当然，所有人都知道，"看绿"是相当减压的一招，绿色能够明显镇静情绪，松弛神经，让我们变得淡定。

嗅觉：种几盆香草，恭喜，你就已经踏入芳香疗法的大门了。香叶天竺葵的清香，能够镇静情绪，帮助入睡；迷迭香的浓郁药香，能够治头痛，改善神经衰弱；而被视为浪漫象征的薰衣草，它的味道能够平衡神经中枢，消除忧虑，带来宁静的心境。

养对花，就能开启自己的另一面！播种、发芽、花开、花落在这种生命的循环中进行的园艺，不仅能够帮助我们美体瘦身，还能减缓身心压力。目前，园艺治疗在国际上已经发展出诸多方式，如治疗花园、药草疗法、插花、押花等植物艺术等。

“播种”具有很多暗示意义，对时刻感觉压力深重的都市女性来说，把一粒粒种子埋进泥土，亦可以视为将沉重的负担一点点卸下收藏。而当种子萌发出芽叶时，就像是所有麻烦都已得到解决，成为生命里的亮色点缀。

种子森林是利用植物种子，设计播种，最终培育出具有森林般审美效果的小型盆栽。它具有率性的自然美，又小巧易种，是近来最受欢迎的园艺类型。比如，火龙果的幼苗，被称为“绿钻”，蓬勃的生命力令人精神振奋。所以，如果觉得自己总是沉浸于悲伤、焦虑、抑郁等负面情绪中，不妨尝试种一盆种子森林。当种子长成郁郁葱葱的一片时，你会发现心里的灰色已变为绿色。

押花可以消除不安，平复心情。押花是指将鲜花、树叶等，经过整理加工，运用特殊的工具进行脱水，使之保持原有色彩，再以此为素材，构思创作出新作品的一种手工艺术。押花除了花草素材外，还需要运用干燥板、海绵、白纸、胶等辅助材料。押花作品无论是装饰自己家居，或是作为手制礼物送给朋友都会很受欢迎，而创作押花的过程，更是园艺治疗中经常采用的一种方式。在创作过程中，无论是花朵的色彩、味道，还是用手直接触摸到的感受，都能带给人平和的愉悦感。对于一花一草的爱恋而创造出的押花作品，都是赋予我们成就感的物品。

现代城镇居民种植花草的愈来愈多，走廊上、客厅里，甚至卧室都摆放着花草，将环境打扮得分外美丽。殊不知，每一种花草它所起的作用是不同的。

(1)绿萝：获得足够成就感。栽培十分容易，水插几乎百分百成活，而且只需要普通的室内光线就能够健康生长。会让栽培的人得到足够的成就感。此外,绿萝还是最常见的室内造氧植物,能够有效吸附甲醛等污染气体,清新的空气有助于帮助我们头脑清醒。

(2)薄荷:让你刹那静下来。几乎是香草植物里容易种植的 No. 1,生长迅速,嫩绿色是居室里静气凝神的点缀。而且,它的叶片是泡茶的好材料——花草茶也是园艺治疗的内容之一,酷暑里泡杯薄荷茶,清凉感顿时让人静下来。厨房里放一盆可以“喝”的花,想想都觉得美妙!

(3)三色堇:让你兴奋+阳光。小小的绿色植株,可以从 3 月到 9 月都盛开出大量的花朵,花形有趣,形似猫脸,因此也被称为“猫脸花”。花朵的色彩丰富艳丽,能够刺激和兴奋视觉神经。因为上述特色,它的花朵干燥后是制作押花的常用素材,并且发展出不少经典创作应用。

(4)落地生根:给你充电让你满格。在以生命力坚强著称的多肉植物中,落地生根是排名靠前的品种。它根浅,只需几厘米厚的泥土便可生长;耐旱,即使一个月不浇水仍然顽强生存;易繁殖,这也是它得名的原因,叶子上长出的不定芽,落在土里便会长成一棵新植株。这种生命力,是我们学习的好榜样!

(5)非洲堇:恬静的美丽心情。栽植最普遍的室内花卉,只要有微弱的自然光甚至只是灯光,都可以开出艳丽的花朵,而且花期超长。它的繁殖方式也很有趣,剪下叶片插在土中,便能够长出新的植株,粉、蓝、紫系的花朵,赋予主人宁静的心境。

(6)吊兰:让你心胸开阔。在生长季节,吊兰会在叶间生出簇簇小苗,逐次向外伸展,生生不息的感觉,令我们感觉到旺盛的生命能量。同时,这种延展的姿态也能让我们不由得跟随着放开心胸。

花和草是大自然的恩赐,愿大家都能成为爱花爱草的人,因为它们不仅是养心的绝佳之品,更有养生的效果。有花有草,人生才更加芬芳!

第十二章　舒心就要闲适，轻松生活惬意人生

古人云："一张一弛，文武之道。"人生也应该有张有弛，也应该忙中有闲。人生就像一根弦，太松了，弹不出优美的乐曲；太紧了，容易断，只有松紧合适，才能奏出舒缓优雅的乐章。所以，我们要学会忙中偷闲，从自己喜欢的休闲方式中享受到休闲的快乐，并能从中体味到生活的乐趣。

1. 作息有节，规律的生活才舒心

我们每天都要做一些日常工作，以此来保持一个良好的工作环境，同样，也要保持好日常的作息规律，这样对我们的身心健康都有很大的好处。

一位科学家说："时间最不偏私；给任何人都是一天 24 小时。时间也最偏私，给任何人都不是 24 小时。"究竟怎样利用这 24 小时呢，不同的人会有不同的选择。大凡有成就的科学家和伟人，都不虚度自己的年华，他们珍惜生命的每一秒钟。

我们每个人都应该意识到，良好的作息习惯对我们的一生都起着极为重要的作用。而要养成良好的作息习惯，其中非常关键的一点就是要能够在适当的时间做适当的事。现实告诉我们，凡是那些能够按时睡觉、按时起床、按时就餐、按时上班、按时活动的人，大多是身体健壮，工作突出，事业有成的人。

31 岁的阿良是报社电脑排版组负责人，工作性质决定了他的工作时间大部分在晚上，甚至深夜。他有三种工作时间：第一种是从下午 2 点工作到晚上 10 点；第二种是从下午 5 点工作到深夜 1 点；第三种是从晚上 7 点工作到深夜 3 点。虽然一周休息两天基本是保证的，但不一定是周六周日，而是不规则的轮休制。

在这样的作息制度里，循环交替上下班，构成了阿良基本的生活节奏。报社里工作时间的循环交替是以天来计算的，也就是说，各天的入睡时间和起床时间可能不一样。如果碰到有重大新闻，休息日也要加班工作。

由于他的工作是有时间限制的，经常是被时间赶着做事，并且不能原谅任何疏忽大意，所以工作一直处于紧张状态。工作结束后即便是深夜凌晨，身体无力，但脑子里依然很兴奋，所以他总是靠安眠药入睡，经常觉得疲惫，偶尔脑子里还会瞬间出现空白，突然什么事情也想不起来。

由于身心承受着超负荷的焦虑、紧张和疲倦，阿良还可能有神经质倾向，难以适应现行不规则的工作制度，造成他长期睡眠不足，并出现一系列不适的体征。长期睡眠不足，使他难以履行需要精神高度集中的职业行为，致使紧张压力超过负荷，工作容易出现失误，心理上带来焦虑不安。

正常的睡眠是维护心理健康的重要手段，但是长期夜班或者“三班倒”的劳动者普遍存在睡眠不足的现象。这是因为高质量的睡眠一定要有规律，不规律的作息会扰乱人体生物钟，干扰正常的睡眠。

哈佛医学院的睡眠专家查尔斯·切斯勒说：“如果一个人持续一周每天只睡四五个小时，血液里的酒精浓度就会达到1%。”

还有一句话说得好：“从一点一滴的小事可以看见一个人未来的发展。”一个人要想成就一番事业，没有好的习惯是不行的。严格遵守作息制度，可以使我们在学习和工作中提高效率。生活有规律对学习、工作和保护神经系统以及整个身体健康都很有益处。

良好的作息规律，意味着要顺应人体的生物钟，按时作息，劳逸结合；

按时就餐，不暴饮暴食；戒除不良嗜好，不伤人体功能；尤其要保持足够的睡眠，保证每天有一定的体育锻炼时间。

邝老是广西边陲靖西县新靖人，他于1929年以数学成绩86分的高分考上清华大学数学系，成为广西壮族第一位清华学子。钱钟书、乔冠华等都是他当年的清华同学。在校期间他学习勤奋努力，当时清华大学著名教授、数学家熊庆来对邝老极为赞赏，1933年邝老回广西靖西任中学教师，邝老在靖西、百色耕耘41年，桃李满天下！目前，邝老是国内年龄最长的清华大学学子，2005年7月，清华大学党委副书记杨振斌、宣传部长周日红等一行来看望这位清华寿星。2006年4月，清华大学谢维和副校长、原党委书记贺美英等一行再次探望他老人家。

以下通过邝老一天的起居生活，人们可从中了解邝老的养生经验。

邝老每天早晨6点起床，起床后第一件事就是空腹喝天成金芝口服液一匙、蜂蜜一匙和百年乐口服液一支，早晚各一次。他这一习惯已坚持了近20年。接着他会外出散步锻炼1个多小时，约7点半回家。回家后就用40℃～70℃热水泡脚半个小时，水深以浸至踝关节为度。用热水泡脚能改善身体微循环，促进血液回流。而且，用热水泡涌泉等穴位有延年益寿之神效。

邝老的早餐是风味独特的芙蓉蛋，其特别之处是往蛋中加入中老年加钙奶粉约10克，再加水、盐、白糖等调味料调匀，然后隔水蒸成，而且，这种芙蓉蛋每天早晚各吃一次。

早餐后的9点至10点，是邝老的看书时间，他认为看书也是一种绝佳的养生法，对预防脑萎缩等老年性疾病有很好的效果。虽然邝老是一百多岁的老人了，但他还可辅导后辈解答数学问题，这种年龄有这种能力，的确是世间少有！

上午10点以后至11点半，是邝老的上午睡眠时间。中午12点午餐，以玉米粥为主。1点半至3点半邝老再上床休息一次。起床后再空腹吃一次天成金芝和百年乐口服液。

下午4点半，邝老再外出散步锻炼一个多小时，回家后又用热水泡脚半小时。

6点半晚餐后,邝老就看电视。邝老最喜欢看的就是体育节目,邝老认为体育能让人年轻,让人奋发向上,奋勇争先的体育竞技可以鼓舞人心,令人长寿。晚上9点半,邝老会准时上床休息。当然,睡前可以听听轻音乐,以助入睡。

人类的生活,有许多生理现象都要受到自身存在的一种与时间因素有关的物质的控制。这种物质与日常的钟表有着类似的作用,被称为“生物钟”。人体生物钟是一种复杂的生理过程,由松果体来“指挥”。松果体是脑内一个豌豆大小的腺体,分泌的激素叫松果体素(也叫退黑激素)。生物钟紊乱,松果体素极度减少和丧失,将造成体内许多生理功能的紊乱,出现疲劳、睡眠障碍、内分泌失调、免疫功能下降,损害健康。

如果能根据人体的这一生物钟安排作息时间,使生活节奏符合人体的生理自然规律,就可以保持充沛的精力,不容易得病。

科学实验证明,人体持续工作愈久或强度愈大,疲劳的程度就愈重,产生的“疲劳素”就愈快、愈多,消除的时间也就愈长,这正是“累了才休息”的传统休息方式效果差的奥妙所在。主动休息则不同,不仅可保护身体少受或不受“疲劳素”之害,而且能大幅度提高工作效率。

具体有以下几点:

其一,重要活动之前抓紧时间先休息一会儿。如参加考试、竞赛、表演、主持重要会议、长途旅行等之前,应先休息一段时间。

其二,保证每天8小时睡眠,星期天应进行一次“休整”,轻松、愉快地玩玩,为下一周紧张、繁忙的工作打好基础。

其三,做好全天的安排,除了工作、进餐和睡眠以外,还应明确规定一天之内的休息次数、时间与方式,除非不得已,不要随意改变或取消。

还要重视并认真做好工间休息,充分利用这段短短的时间到室外活动,或做深呼吸或欣赏音乐,使身心得以放松。

总之,作息有节,规律的生活才舒心!

2.

品茶修身，感受深藏在心中的那份宁静

说茶的文字不计其数，但读过《红楼梦》的人想必难忘妙玉的“一杯是品茶、二杯是解渴、三杯是牛饮”。妙玉能说出这个堪称千古绝唱的茶道，有一个背景，那就是：情到深处人孤独。

我国是最早种茶、饮茶的国家。茶于 9 世纪才传到日本，17 世纪传到欧洲，至今已在世界各地安家落户，成为世界三大饮料之一。

茶叶中含有丰富的维生素 C，所以在有些地方，人们不仅喝茶，而且吃茶叶。茶叶中含有咖啡碱，它可以中和分解油脂，当人们因为多吃油腻食物而引起消化不良、腹胀、郁闷时，饮一杯浓茶，不舒服的感觉，就会很快消失。咖啡碱还可以促进人机体的新陈代谢，增强体内各组织对氧的吸收；可以刺激人的中枢神经，起提神益思，解渴生津的作用。所以，一般脑力劳动者都爱饮茶。盛夏季节，人的体温不易扩散，常有渴热昏晕的生理反应。饮茶可令出汗散热，使人顿觉凉爽。据测定，一杯热茶从体内散发的热量，相当于茶热量的五十倍。茶叶中的糖类、果胶、氨基酸等成分，与口腔中的唾液起化学反应，可滋润口腔，解渴生津。

不管你出入过多少茶馆，它们或者优雅娴静，或者喧哗热闹，不管你见过多少人等，他们或者温文儒雅，或者粗犷豪爽，但只要你没有过独自一人品茶的经历，你对茶的感受和理解就可能大打折扣。

其实，在闽南，上茶馆喝茶只是其中的一种方式，更多的人更多的时间会选择在温馨的家中品上一杯茶。端起茶来，满室清风满几月，坐中物物见茶心啊。

晨起喝茶是爱茶人的人生一大享受，把茶具洗净，看瓷器的晶莹剔透，看陶器的笨拙可爱；把水烧滚，看壶盖扑扑地跳动，看壶嘴呲呲地冒气；冲水、旋盖、倒茶、端杯、啜饮，满腹愁肠涤荡个净。然后，翻开油墨香还在的报纸，看我们的生活昨天发生了什么，今天有可能再发生哪些。读一读王小波，读一读杜拉斯。美好的一天从这一刻开始了！

品茶者，自然不是为解渴，更不是为牛饮，品茶蕴含的是一种理念，追求的是一种境界，崇尚的是一种物我两忘的精神享受，展现的是一种高雅厚实的人生品位。

作家周作人说过："雨天，在瓦屋纸窗下，写诗、饮酒、品茶，可抵十年尘梦。"

诗人余光中写道：雨敲在粼粼千瓣的瓦上，这时候鼓琴、咏诗、下棋、品茗，是一种安慰。

"为爱清香频入座，欣同知己细谈心。"暂别与心灵的对话，邀上三五好友一起品茶论道也是件十分惬意的事。

因为饮茶是一种文化，又有生活的情趣，饮茶使人淡泊悠闲、淡高优雅，有助于心灵摆脱世俗的困扰，入静而生活，这也正是长寿的秘诀，所以品茶是一种入静的生活方式。

茶是一缕清风，令人安静悠闲；茶是一种情调，一种欲语还休的沉默；茶是一眼清泉，能洗去生活中的烦恼与悲苦。喝茶，喝的是一种心境，感觉身心被净化，喝下去的是清苦，沉淀下的是深思；喝茶，重在品味，但又不要太过拘泥，人人心中有菩提，只要能够喝出"采菊东篱下，悠然见南山"，便是得到了茶的真味。

3．亲近自然，让生活的节奏慢下来

大自然是生命的绿地。它不仅能够给人以温馨，而且能够给人以希望。大自然不仅可以开阔我们的视野，对于我们的身体也大有益处，因为只有投入到大自然中去，才能让人赏心悦目。

大自然中清新的空气对人类的健康有极大的益处。住在农村或城市郊区并不新奇，但在工业集中的城市，清新的空气就显得难能可贵了。交通运输的繁忙，带起各种浮尘；奔驰的汽车排出大量对身体有害的废气；工厂排出的含有各种有害物质的气体；大量的垃圾堆严重地破坏大气的洁净。有一部分人，由于伤风感冒而不敢开窗，因而人为地限制了新鲜空气的摄取。

其实，我们时时处处都被许多陌生的现代人工制品包围着，其中有许多东西对人还是抱有敌意的：柏油马路、塑料制品、洗涤剂、农药、化肥、噪音、汽车废气、席梦思……这种生存环境不过是最近几十年的事，而人在地球上进化的历史却长达几百万年。从真正能制造工具的人进化到今天，也有一百万年的漫长时间。几十年比一百万年，怎不觉得突然、陌生？第二次世界大战后，科技迅猛发展，人性跟不上，骨子里适应不了变异的生存环境，因为那不是大自然母亲的心跳！

不错，人性也是进化的。但进化速度极缓慢，一千年前后都不会发生明显的变化。不然，我们就读不懂唐诗。迅猛发展的生存条件和环境几乎在日夜拖着人性拼命向前奔跑。人性觉得很累，颇有心力交瘁之感。于是出外旅游的念头便油然而生。

把大自然作为母亲，把自然的心跳比作母亲的心跳，这也就从情感上拉近了人与自然的关系。人类社会的飞速发展或许不能只一味地说是进步：作为社会的人，我们获得了无数物质上的享受；作为自然的人，我们又失去了太多。

在节假日里和亲朋好友一起去郊外游玩，这也是一种呼吸新鲜空气的好方式。大自然的美景多种多样，各具风格。它包括日月星云、山水花鸟、草木鱼虫、田林原野等。它们都具有能陶冶人们的情感、激发人们对祖国的热爱等特性。它能给人们带来欢乐，激发人思考，使人们的精神世界得到极大地丰富。

大自然是无限美妙的，应多欣赏大自然的美丽景色，不仅可以使人得到休息、娱乐并伴以幽静、清爽、舒畅之感，还可以使人大开眼界，增长知识，增添青春的活力。

45 年前获得第 26 届世界乒乓球锦标赛女子单打冠军的邱钟惠，屈指算来，她已年至古稀了，她现在的情况怎么样？

回想1961年4月，那时，第26届世界乒乓球锦标赛在北京举行。“那一晚发生的事，永远地定格在我的记忆里。因为那一场决赛改变了我的人生。”说这话时，邱钟惠有些激动。邱钟惠一路过关斩将，最终力挫群芳，夺得女子单打世界冠军，盖斯特杯上终于第一次刻上了中国姑娘的名字。邱钟惠，成为中国一颗耀眼的体育之星。“在我人生七旬的时候，回顾自己的一生，我依然感到充实、欣慰。运动员生涯使我受益终生。”

“这些年来，常常有人问我，现在的世界冠军都很有钱，得一个冠军就发财了，而你却那么穷，心理平衡吗？你是怎么看待这个问题的呢？”对此，我回答他们说：“社会在发展，时代不同，人们遇到的情况就会不同，过去跟现在不可同日而语。我对现在的冠军是光羡慕而不嫉妒。我拿世界冠军的时候，国家正处在特别困难时期，经济上很穷。但就在那时，国家还拿出相当多的财力、物力来支持我们搞训练，打比赛，非常不容易。我很感激我们的党和政府，感激周总理、贺老总他们的关怀和鼓励。而现在则不同了，国家在逐步走向富强，尤其是改革开放这20多年，国家的经济实力日益强大，现在国家拿出一些钱来奖励世界冠军，也是顺理成章的事，这只能说明现在的年轻人赶上好时候了。日子肯定是一代比一代强，这才符合社会的发展规律，所以，我心里非常平衡，我深深地祝福现在的年轻人，我为他们感到高兴。”

邱钟惠主张让儿女们自己去处理对他们孩子的教育问题，“我认为这不是推卸责任，而是一种明智的做法。在处理与子女关系的问题上，我主张四点：门户独立，经济自主，节日相聚，困难互补。彼此过自己的日子、彼此不要打破对方的生活规律。这样大家可以各干各的事，也减少了许多矛盾。”

邱钟惠说，我工作的这几十年，结识了不少朋友，有许多人直到现在还经常来往，在一起交流、沟通，互相帮着做一些事。有朋友相聚，是晚年生活最快乐的事情之一，有了朋友，才能使自己的生活有更多的选择，也才有生活质量的提高。

每个月，邱钟惠都要与爱人开车去郊外爬山、钓鱼。“别看我现在从事商业，但不喜欢逛商场，一见人多就有缺氧的感觉。喜欢去看美丽的大自然，让我体会到生活的美好。”工作的闲暇，她经常与朋友们一起打打保龄球、乒乓球，还经常游泳。时间上没有什么硬性的规定，全凭兴致所至以及朋友们的邀请，但平时运动最多的是散步。

人生活在自然之中，自然界是人生存的摇篮。我们主动亲近大自然，那些山川草木会给予我们不可缺少的心灵滋养。

很多人认为亲近自然只是局限于名山大川，自己是既没时间也没钱，很少出去游玩，当然也就不能像那些大家那样江山随意点，湖海任我游。事实上只要你留心，你会发现自然与我们是零距离的。一山一水，一草一木，天上的日月星辰，地上的禽鸟虫鱼，都是大自然的杰作。大自然是人类赖以生存的基础，人的生命活动一时一刻也离不开它。生态环境是大自然的有机整体，是人类生存和发展的基本条件。离开自然，我们就失去了获得物质生活资料以及与自然之间进行交流的可能性；离开自然，我们人类就将面临着死亡与毁灭。

因此，保护自然，是我们的责任；亲近自然，才能让我们的生活节奏慢下来。

4. 轻松生活，惬意人生

现实生活中，有很多人把自己弄得很紧张，把心灵禁锢在工作、家务中，从不曾给它一点儿自由，这是一种错误的生活方式，因为当一个人总是处在紧张状态中时，他的生活就会因压力太大而失去乐趣。

第二次世界大战时，有一次，丘吉尔到北非蒙哥马利行辕去闲谈。“我不喝酒，不抽烟，到晚上10点钟睡觉，所以我现在还是百分之百的健康。”蒙哥马利说。

“我刚巧跟你相反，既抽烟又喝酒，而且从不准时睡觉，但我现在却百分之二百的健康。”丘吉尔说。

很多人都引为怪事，以丘吉尔这样一位身负两次大战重任，工作繁忙紧张的政治家，生活这样没有规律，何以寿登大耄，而且还百分之二百的健康呢？

其实只要稍加留意就可知道，他健康的关键全在有恒的锻炼、轻松的心情。其既抽烟，又喝酒，且不准时睡觉则不足为训，你没见他在战事最紧张的周末还去游泳吗？没见他在选举战白热化的时候还去垂钓吗？没见他刚一下台就去画画吗？没见他那微皱起的嘴边上斜插着一支雪茄的轻松心情吗？

人生于世，谁都想轻轻松松过上一生，谁也不想过得太累，尤其是心累更让人受不了。所以，我们都应该轻松生活。只有轻松生活，我们才能拥有一个惬意的人生。

不管工作多累，也不管家务多么繁琐，无论人际关系多么复杂，也无论心里有多少疙瘩，我们都应该以坦然的心情去对待。因为无论我们的心情如何，也不论我们的情绪怎样，现实仍是现实，它们都不会随着我们的心情变化而变化，即所谓“不以人的意志为转移”。既然如此，我们何不以一种坦然的心态、轻松的心情去对待大千世界、万事万物呢？有了这种态度，自然就感觉活得轻松，就不会觉得心累。否则，不管什么事情都去斤斤计较，无论什么总是非要较真不可，岂能活得不累？而学会放松就可以使我们的思想、思维从自我禁锢中挣脱出来，就能够心胸开阔，乐观豁达。学会放松也可以使我们冲破一切樊篱和桎梏，我们的心灵也就会像鸟儿一样在蓝天自由翱翔。学会放松还可以使我们处变不惊，遇险不慌，临危不乱，对任何事情、任何情况都能一分为二地加以分析和处理。

会轻松的人一定是一个懂得生活的人，因为他知道何时张开自己要飞的翅膀，何时找一个温暖的巢穴栖息。懂得轻松生活的人必定是一个成功的人。在一个轻松的氛围中，你的心情就像春天的和风、像夏天的冰水、像秋天的露珠、像冬天的阳光。你会忘了所有的不快，就像天空里飞行的小鸟一样自由自在。

在这个世界上，没有一个发条永远上得十足的表会走得长久；没有一个马力经常加到极限的车会用得长久；没有一个绷得过紧的琴弦不易断；没见过一个心情时刻紧张的人不易病。所以，善用表的人永不把发条上得过足；善驶车的人永不把车开得过快；善操琴的人永不把琴弦绷得过紧；善养生的人永不使心情时刻紧张。

医学研究发现，在压力状态下，当人体处于应激状态时，血压升高，血液中的游离脂肪酸含量增加，可通过肝脏转化为甘油三酯，沉积在动脉壁上，形成动脉粥样硬化斑；另外，由于交感神经兴奋性增强，使血压也升高，会加速动脉硬化和诱发心血管疾病。长期处于心理应激状态还会使人体免疫力降低，引发多种疾病，诸如，紧张性头痛、多汗症、脱发症、神经性呕吐、神经性厌食、过敏性结肠炎、消化性溃疡、糖尿病、女性月经失调、男性阳痿早泄，等等。同时，对免疫性疾病、恶性肿瘤的发生发展也起着推波助澜的作用。

毫无疑问，放松是我们舒解压力的最好的方式。放松可以使呼吸变缓，血压下降，肌肉放松，头痛消失，情绪稳定，思维清晰，记忆力提高，焦虑、忧虑消失。

适当放松自己，有利于肌体消除疲劳和产生新的活力，有利于身体健康，也有利于工作。所以说有张有弛、劳逸结合，是人们生活中不可缺少的。

其实，我们可以随时随地地放松自己，只是不要勉强要求放松下来。放松就是释放所有的紧张和压力。要想轻松自在，先得由放松自己的两眼和脸部开始，口里不断重复："放松……放松……松弛下来……"你可以感到一种活力从你的脸上肌肉逸出，进入身体内部。你远离了压力，好像婴儿般自由自在。

下面有一些建议，它们可以帮助你，让你学会放松自己，轻松生活。

(1)暂时忘记和放下心中的烦恼及一切学习、工作任务。这是一种主动意识消除手段，对达到身心放松的效果影响很大。

(2)活动身体一些大关节的肌肉。如甩胳膊、扭腰、踢腿等，做时要均匀缓慢，动作不必居于一定的格式，只要感到关节放开，肌肉松弛就行了。

(3)保持呼吸自然、舒畅。呼吸的调节是很不容易掌握的,要保持呼吸自然舒畅,就要在悠然自得中忘掉呼吸,而不是有意识去控制呼吸的深度和频率。

(4)放松意识,注意力集中。要使意识放松,无意识心理活动减少,可以用意识集中的办法,使自己的意念归于某一对象,并有意识地注意。同时要放松全身,最后使意识达到清净和清醒状态。

(5)每天自省四五次,并且自问:"我做事有没有讲求效率?有没有让肌肉做那些不必要的动作?"这样会使你养成一种自我放松的习惯。

(6)走在路上,幻想自己是一只身轻似燕的小鸟,无忧无虑,怡然自得。

记住:学会放松,生活才会轻松!

下篇

握紧幸福，让工作更安心、生活更舒心

幸福是人生最大的追求，是生命最大的目标。但幸福不能用金钱去量化，幸福无法用金钱买到，它是蕴藏在人心深处的一种珍贵的感情。这种感情可以在任何时候、任何地方都能感受得到。要幸福，就要学会让工作和生活平衡，不让工作把生活变淡，更不能让生活把工作变得沉重。所以，我们要握紧幸福，让工作更安心、生活更舒心。

第十三章　保持工作与生活的和谐

我们大多数人都是平凡的，但大多数平凡的人都想变成不平凡的人。这是社会进步的力量，也是实现自我的必然。但这种必然对我们来说，就产生了心理上的压力与情绪上的挣扎。这就需要我们学会调节生活和工作的关系，保持工作和生活的和谐，才能真正享受到生命的幸福。

1. 工作不是人生的全部

最近的一份调查报告显示，有43.6%的被访者的生活重心为工作，而以配偶为重心的有8.8%，以父母为重心者仅为4.7%，由此说明，在当今都市人的生活中，以工作为主体的“工作文化”相对以家庭为主体的“家庭文化”已经处于强势地位，很多人在追求事业成功的同时，舍弃了与家人共处的时间和机会。

工作不是人生的全部，它只是生活的附属品，而不是生活的主导，本末倒置对我们而言将会是人生悲哀的开端。

但我们的生活离不开工作，我们需要一份工作作为经济来源，作为维持生活的原动力。工作让人充实，通过工作让周围的人对你了解、认可。如果工作是劳，那么工作之余就是逸，劳逸结合才能品尝出人生的甘和苦，有苦有甜才让生活精彩。

一个常年鏖战于商场的朋友，为了不断拓展的事业而长期在外奔波，忽略了妻子的温柔，忽略了儿子的成长，而他还满心骄傲地以为自己的不辞辛劳让亲人过上了一天强似一天的日子。忽然有一天，积劳成疾的他被送进了医院，诊断结果为癌症。他躺在病床上，望着眼角已爬满细细皱纹的妻子和长得比妈妈还高了的儿子，突然明白自己过去有多傻，多糊涂。优裕的物质生活环境又怎能替代亲人相守的天伦之乐呢？他流着泪向妻儿许诺，只要自己病能好，一家人再也不分开，一起去旅游，去看海，去黄山观云雾。

后来经过复查发现原系误诊，只不过是良性肿瘤，手术后不久他就出院了。他没有忘记自己的诺言，但公司积压已久的事务亟待他去处理，大大小小的会议等着他去出席。他不由得感叹身不由己。黄山云雾，只有在梦里相见了！为什么经历了与死神擦肩而过的惊险，还不能抛开种种俗务的纠扰？忙忙碌碌、忧心忡忡的人，为何不问问自己：什么才是真正要紧的？

一个人的生活是由很多个部分组成，其中工作是生活的一部分，但它绝对不是生活的全部！你有家人，有朋友，你要吃饭、睡觉等等。

一旦，我们把工作等同于生活，那么，我们就会像是大海航行中失去了舵手，找不到人生的方向，生活本身就会陷入迷惘和困惑，好像一切都失去了意义，连生命的留存似乎也成了多余。

在《激情燃烧的岁月》这部电视剧里，那些为激情充溢着的人物，脑子里已经没有了退休的概念，工作融入其灵魂，化为神圣。这时，工作等同于生活，等同于革命，等同于幸福，这是一代人的信仰。正如一首歌中唱的那样：“幸福在哪里？她不在柳荫下，也不在温室里……她在辛勤的工作中，她在艰苦的劳动里……”毕竟，一个时代的变革和进程的演化总是需要一部分人甚至是一代人、几代人身先士卒、牺牲自我，开疆拓土，垦荒栽树，所谓献了身体献灵魂，献了青春献子孙。这种为理想事业和崇高信仰而献身的精神是一个民族文化的脊梁，是民族大义所在。他们也有私欲，也有家小，但面对时代召唤，能义无反顾，正如孟子所说：“生亦我所欲，所欲有甚于生者，故不苟得也。”对此，我辈唯有仰视，并珍惜和继承这部精神史诗。

不过，生活的步履已跨入到二十一世纪，历史的硝烟和时代的风云也已散去，人生本身又展现出多姿多彩的画卷，和平年代，和谐时代，在对小康生活的构建中更焕发出勃勃的生机，诠释着丰富的文化内涵，工作再也不是生活的全部，人们不仅要在劳动中充实着，也要在休闲中享受着快乐，在与家人的相伴中感受着亲情。亲近自然、热爱生活、珍爱生命、呵护健康、感悟人生、感恩和谐，在市场大潮中，在人们享受着创业的成果欣喜和微笑之余，又一次成为时代的强音，这也是前辈们所为之奋斗和期望的。犹如《谁是最可爱的人》一文中战士们说的那样："我们吃雪，正是为了祖国的人民不吃雪。"面对他们，我们没有理由不去感悟生活的全部内涵，不去体味生的意义和活的乐趣。

遗憾的是，商品经济背景下，物欲横流的拜金主义思想已不可避免地挤压着我们的生活，践踏着我们的人性。生活的乐趣建立在金钱的累积之上，忘我的奋斗却无法再与崇高画上等号，这种状态体现在职场上，是越来越多的"工作狂"们高喊着向钱看的口号，不顾身体，不顾家庭地拼命劳作，成了工作的奴隶，这不是我们提倡的生活，更不是和谐社会建设的目的。当然，这种情形也有不得已的苦衷。例如市场竞争的日益激烈，就业难度的日益增大，无论是老板还是打工族，危机感时时相伴。"今天工作不努力，明天努力找工作"，眼下不只是大学生就业困难，就连硕士生也有去争取区区每月五百元职位的，劳动贬值以至于此，令人叹惋。不过，我们不妨问一声，这就是你生活的全部吗？

事实上，有时我们过分依赖职场竞争带来的成就感与充实感，过多地看重那些金钱、权利、荣誉等。其实，这一类的所谓成功永远没有止境，而且常常是昙花一现，又何必太过在意呢？何况，更多的人还难以体验到这种所谓成功的快感，只是在挣扎中期盼着，在嫉妒中不平着，这不是我们想要的生活。庄子说："吾生而有涯，而知也无涯。"人的时间、精力、健康、生命都是有限的，即使是单纯的事业成功也不能替代人性的需求和家庭的价值。老子也说："知足不辱，知止不殆，可以长久。"知道何处知足，有所取舍，是一种智慧，是我们所需要的。

所以，我们应该协调好工作与生活。一般来说，很多人并没有担当什么特别大的职务，每天在公司里完成自己的工作就可以了，有时会有聚餐或出差，但这些工作的强度并不会影响到自己对家庭的照顾。在努力做好手头工作的同时，也应当分出一些精力来照顾家庭、朋友和生活的其他方面。

同时，我们应当经常问问自己：你的生活重心在哪里？如此安排，你是否真正有幸福感？

2.

高效率工作慢节奏生活

每天早晨，当沉睡的城市从黎明中渐渐苏醒的时候，行色匆匆的上班族，是目前中国各大城市中最抢眼的风景。他们有的揉着惺忪的睡眼，有的一边走路一边狼吞虎咽地吃着从路边小摊上购买的早点。他们是这个城市中脉动的心脏，无论春夏秋冬，都无法让他们停下来。此刻，在他们中的大多数恐怕都只有一个念头，那就是争分夺秒，如果迟到……

在他们紧张忙碌的背后，一个不容乐观的现实已经摆在所有人的面前，老年病的提前“造访”，慢性病的大肆蔓延，这些不争的事实在提醒我们，是否应该放慢急匆匆的脚步，给自己的生活一些关怀？是否应该留出一段时间，让我们的心灵与肉体进行一次放松的“长谈”？生活在城市里的职场人，差不多都有同样的感受：时间的流逝，快得如同白驹过隙，很少有时间跟家人同进晚餐；自己喜欢的书，买回来之后束之高阁；在自己高兴的时候买回来的金鱼纷纷死去，当我们想到要照顾它们一下的时候，鱼缸里剩下的只有一束发臭的水草……

那么，我们可不可以让自己的生活慢下来？其实，放慢速度绝不是拖延时间，放弃效率，更不是支持懒惰。在现代社会，每个职场人都生活在巨大的压力之下，过快的节奏、巨大的压力，让我们感到疲惫不堪，所以，人们在完成工作任务的同时，要让自己的脚步慢下来，留一点儿时间品品茶，站在阳台上看看远处的风景……让自己慢慢地静下来，问清楚自己，究竟需要的是怎样的生活？诚然，我们努力工作没有错，可是每天只有工作，却没有时间和家人在一起享受生活，自己挣了许多的钱，甚至连花的机会都没有，难道我们的一生注定要这样度过吗？

事实上，在飞快的生活节奏的背景下，还是有这么一群人总能在工作间隙，享受悠闲生活，这群人被称为“慢活族”。

“慢活族”并不像传统的职场中人那样无休止地拼搏，而是追求一种舒适、悠闲的生活。“慢活”运动最早在英国兴起，它劝导人们放慢生活节奏，让精神和身心都得到放松。“慢活族”提倡慢工作、慢运动、慢阅读，并由此催生出一系列的“慢”产业和“慢”时尚，诸如延后发送的电子邮件服务、“慢”餐厅行业、“慢”旅游，中国的太极、印度的瑜伽等运动方式成为“慢活族”的最爱。

“慢活”并不是生活蜗牛化，而是追求平衡。他们追求高效率的工作，工作外的时间则慢慢地享受生活。“慢活”已经成为一种全球流行的生活方式，全球有 80 多万会员加入到名为“Slow Movement”（缓慢生活）的运动中。“慢活族”把所有可以利用的空闲时间，用宁静对抗快节奏浮躁，品味生活，以求得心灵的宁静。

梅小姐是个事业型女性，也是被速度绑住的人，她凡事都讲究效率，认为只有忙碌才有满足感。然而一年前的一场胃病让她改变了想法，她觉得自己应该放慢脚步，抛去浮躁，做一个“慢活族”。休养期间，她爱上了绣十字绣，可是天生性急的她想早日看到自己绣出来的成果，顾不得休息，拼命飞针走线，结果身体康复极慢，还差点儿旧病复发。梅小姐说，她以为自己选择了慢方式就叫“慢生活”，其实真正的慢生活是慢在心态的平衡上，放慢工作和生活的节奏，让从容与淡定成为一种习惯。

如今梅小姐完全适应了“慢生活”，她能够掌控生活的速度，知道什么时候可以放下，什么时候要加快脚步，什么时候必须驻足，什么时候又该跃起。梅小姐在自己的博客中描述：“现在的我学会了细细品味生活，不会因为一路快跑追赶而忽略了道路两旁美丽的风景，也不会因为忘了停下脚步而错过身旁关怀的眼神。”

对于“慢活族”而言，该快则快，能慢则慢，他们呼吁品味缓慢的生活节奏，但更重要的是用适当的慢在工作和生活中找到一个平衡的支点——高效率的工作，工作外的时间慢慢地享受生活。

关掉手机，关上电视，步行上下班，远离喧嚣的人群。“慢活族”不再无休止地拼搏，而是去追求一种舒适、休闲的生活。

在市政单位上班的程先生称自己本来就是个“慢性子”，他不喜欢快节奏的生活，他认为“慢生活”有利于身体健康。每天早晨 7 点起床后，程先生会做一顿丰盛的早餐，全家人围坐在餐桌前，用半个小时慢慢品味，再各自出门上班。他的家离单位不算远，步行大概 25 分钟，每天上下班走路，晚饭 40 分钟后再陪着妻子慢跑 1 小时。程先生说，细嚼慢咽有助消化，还能减轻胃肠负担，慢跑能达到锻炼效果，还能舒心解压。

从古至今，中华民族始终是讲究生活品质的民族，我们追求生活的质量，追求人生价值的实现。但是，一个非常残酷的现实摆在我们面前，在中国，每年都有高级管理人员因过劳致死，还有一些大众眼中的成功人士，他们甚至不堪压力的困扰，选择了极端的方式来结束自己的生命。面对这一切，我们需要想清楚，我们究竟想要怎样的生活？我们是否应该停下来，思考一下，让高速运转的身心有一个“检修”的机会？

享受慢生活，绝不是漫不经心，也不是懒惰，而是在繁忙之后的思考，是在排除了浮华生活的浮躁之后，利用一点儿时间，来对人生进行认真的思考，因为除了表面的成功以外，我们还要享受人生真实的快乐。

3.

不要把工作带回家

在现代生活中，随着消费水平的提高，我们的压力也随之越来越大，于是，很多人都把完成工作作为重中之重。他们为了可以获得更高的薪资和更丰厚的报酬，便放弃了许多享受生活的机会，成了名副其实的工作机器，没日没夜地和工作黏合在一起。他们难以与家人团聚，很少与朋友交流，外出旅游更是奢侈的向往，因此少了许多生活中应该拥有的快乐和舒心，自然而然，他们时常都会感觉疲倦缠身。

其实，在面对越来越大的生活压力，不得不为了更好地生活而把工作带回家中时，我们都会不禁发出这样的感慨："活着到底是为了什么?"事实上，当我们认识到"工作是为了更好地生活，而生活绝不是为了工作"时，我们会更加注重生活的质量和品位。

在英国某小镇，有一个以沿街说唱为生的年轻人。

同在这个小镇上，有一位华人妇女，她背井离乡，不远万里来到这里打工。因为他们总是在同一个小餐馆用餐，屡屡相遇便成了朋友。

这位华人妇女觉得这个小伙子人还不错，就关切地对他说："不要再沿街卖唱了，这总不是一个长久之计，去从事一个正当的职业吧。我可以介绍你到中国去教书，在那儿，你可以拿到比你现在高得多的薪水。"

小伙子听后，愣了一下，然后反问道："难道你说我现在从事的职业不正当吗？我很喜欢现在的工作，它能给我也能给其他人带来欢乐，有什么不好？我为什么要远渡重洋，告别亲人，抛弃家园，去做我并不喜欢的工作，去过我不喜欢的生活?"

听到这段对话的邻桌的英国人也为之愕然，他们不明白，仅仅为了多挣几张钞票就抛弃家人，远离自己幸福的生活，这样的日子有什么意思。原来，在他们的眼中，家人团聚，平平安安，才是最大的幸福，至于财富的多少、地位的贵贱都与此无关。

于是，小镇上的人开始可怜我们的那位女同胞了。

这个小故事可能会引起我们的一些反思，就重要性而言，事业与生活应该是同等重要的。一味地追求事业往往会造成对生活质量的忽视。当然，太重视生活质量也会成为事业的绊脚石。事业成功不能取代生活带给我们的快乐；同样，生活的幸福也不能取代事业成功的喜悦。

这两者的关系很微妙，在众多生活元素中，家庭感情最为重要，有些人总是认为，家庭、事业不能兼顾。其实，在事业和家庭上，两者并不矛盾。如何两者兼顾，又要平衡对待，是我们应该关心的问题。我们应该努力工作，赚钱养家，同时也应该尽量让自己和家人感到幸福快乐，让家庭成为事业的后盾。

一旦在下班时没有完成工作，面对眼前的三种选择：

(1) 回家，把工作也带回家，晚上做。你能得到的只有严重的家庭矛盾，最差的休息，并且第二天疲惫地回来上班。

(2) 把身体拖回家，然后整晚为那些抛在身后的工作烦恼。和第一条一样糟糕的家庭矛盾，缺乏休息。第二天，你依然疲惫，而且工作也没做。

(3)把工作优雅地抛在脑后，享受一个放松的夜晚。没有家庭矛盾，充足的休息，第二天精神饱满地上班，并为那些工作做好准备。

这里有一些小技巧能帮助你达成上述第三种选择：在下班的路上完成从工作到家庭的平稳转换，度过愉快的夜晚，获得充足的休息，恢复精力。

a. 将回家的路途作为放下工作负担，开始放松过程的时间。如果可以，放些你喜欢的音乐。吹口哨，或者歌唱。试图去享受驾驶或坐车回家的旅程，因为无论有趣与否，你都必须度过这段时间。不要收听或阅读新闻，这将使你回想起工作，从而感到沮丧。

b. 将你的旅途时光与你需要放松的时间统一起来。如果这意味着一条更长但景色更美的路，那就去吧。如果这意味着在星巴克停留一下，也没关系。比起早半个小时到家但情绪糟糕,你的家人和朋友更愿意多等你一会儿,见到心情平和的你。

c. 绝不匆忙赶回家。如果这么做,那么路上遇到的一切阻碍,塞车、地铁晚点或者错过公车都将雪上加霜,成为工作之余的更多压力。放轻松,尽管我知道你在乎时间。

d. 把回家的旅程当作是你自己的时间,一段只为你一个人的时间。一整天你都在受别人使唤。现在是时候放松一下,做你自己了。别把家人当成假想的"老板",他们不会一直监视着你的进程,并抱怨你浪费的每一分钟。

e. 不愉快的日子早些下班,按时或晚些到家。这一天过得越糟,你需要放松的时间越多。这时候,继续工作然后匆忙回家可是下下策。到家的时候,你会像一颗牙疼的灰熊一样狼狈。

如果你需要咆哮或是发泄,在路上做这些。你可以在你的私密空间(比如你的车里)诅咒这个世界。在没有人可以听到的地方停车下来大喊。在走去车站的路上心里默默地呐喊诅咒吧。别迈进家门了再发作,谁会欢迎这样的人呢?

f. 如果你无论如何必须把工作带回家,必须知道这个想法意味着你已经被一种特别令人讨厌的社会疾病感染了。定一个时间,并严格遵守,越早越好。如果你在睡觉前工作超过一个小时,你的精神会兴奋起来,睡眠质量糟糕,然后昏昏沉沉地开始第二天的工作。此外,谁会想和一个脑子里还发愁着预算超支的人做爱呢?

g. 到家以后,把精神集中于等待着你的那个人,绝不要身在曹营心在汉。这是一种侮辱。即使是家里最不重要的小事,也能帮助你不想起工作。

h. 遵守承诺。如果说好出去吃,不要因为疲劳或加班而取消。如果你答应指导孩子的家庭作业,无论如何都要做好。首先,不遵守诺言的人会给周围的人带个坏头。其次,即使你可能真的不想兑现承诺,你也可以努力去享受这个过程,并且结果会比在电视机前消沉感到更加有活力。最后,你承诺过,你忘了吗?别成为一个怪人和懦夫。

i. 坚定自己。最终,把工作抛在身心之后,都是靠你自己。你必须想这么做,决定这么做,然后执行,并且一直保持直至它成为自然。放慢脚步,把一天的残留从大脑里清除,是意愿下的行动。你或许会以为看电视或者别的娱乐方式会是一种捷径,但是你错了。当娱乐结束,一切烦恼都会回来。

用以上这样的小技巧会让你成为你的家人愿意看到的人——一个和他们度过愉快的夜晚,睡个好觉,然后第二天精神满满地去上班的人。

你猜怎样?早上醒来,世界依然如常。你一晚上不工作,公司也不会倒闭,市场不会崩溃,文明更不会终结。但悲哀的是,我们所有人都是彻底的牺牲品。或许你该屈从于世俗的想法,世界没了你也照样转。在开夜车的时候想想这些吧。

不要把工作带到家里,下班后还是抽出点空余的时间去享受和家人在一起的天伦之乐吧。

努力工作,更要努力享受生活,只有对生活充满热爱,对工作富有激情,才算得上是美好的人生。从今天起,试着提高自己的工作效率,把工作在八小时之内做完,用其余的时间,尽量把生活按照你理想中的样子,安排得丰富多彩一些。这样,你将会得到很多乐趣,又能缓解工作的压力,人也会变得精神而有活力。不要让疲倦困扰,学会工作与享受同时进行。

4. 工作安心,生活才会更舒心

安心工作并不是单纯地为了工作而工作,或是为了成功而努力工作,而是为了我们更好地生活,更加舒心地生活。

最开始我们参加工作,也许大部分人的想法都是要“糊口”,从道理上讲,“糊口”应该是一种前提、一种条件、一个根本。如果一个人连饭都吃不上,却整日想入非非,这岂不令人好笑?因此有的人说“工作就是为了糊口”，这件事并不可耻，但问题是，不能仅仅为了“糊口”而工作，如果只是这样，做个乞丐好了！但如果你不想这样，那就不应该仅以“糊口”为满足，而是应该努力工作，为了理想、抱负，为了自己生活得更舒心。

曾经有一名男子，中学毕业后就到饭店当打杂的，当时也并不是特别喜欢厨师这个工作，但当时除了学厨师不知还有什么工作可做，于是就迷迷糊糊地一直混到当兵。退伍后一时找不到合意的工作，他又回到了原先的饭店。眼看已经20几岁，有了“前途”的压力，于是他为自己立下了一个目标——既然只得去当厨师，那就好好干，得干出点名堂，为了自己以后更好地生活。从此，他每天工作的目标一下子有了很大的转变，他不再是为了糊口，打发时日，而是为了使自己过上舒心的生活，能生活得更好而努力工作。因此，除了跟饭店厨师学习之外，他还不断收集相关书籍，甚至跟着其他比较有名气的厨师学习。

不到两年，他由打杂人员升为助理厨师，并且很快地闯出了名气，他还自己自创了美味水果沙拉。后来，他向亲戚朋友借了点钱，开了一家属于自己的饭馆。

这虽然是一个平淡无奇的故事，但就是这么一个小人物的平凡故事，却告诉了我们一个深刻的道理：安心工作是为了更加舒心地生活。人生下来不能仅仅为了糊口，其实糊口并不难。人得努力工作，为了使自己生活得更好！

有的人将工作看作是谋生的手段，不去工作就养活不了自己，养活不了一家的老老少少；有的人将工作看作追求理想的过程，认为在工作中不断地拼搏，等到功成名就时，自己的人生价值才得以实现；有的人把工作看作是施展自己才能的舞台，他们愿意把自己的热情全部释放出来，在工作中、在认可中、在赞扬声中找到自己的乐趣；也有的人把工作就当作工作，没有什么特别的，就好像每天要吃饭、每天要睡觉一样，是人活着的必然规律，是一个人必须要做的事情。

五花八门的工作目的，我们也很难说究竟哪个是对的，哪个是错的。从经济学上讲，生产是为生活服务的。也就是今天我们说的工作是为了更好地生活，但这不是生活的全部。当我们的生活已经很富足、不为衣食所忧时，我们应该权衡利弊，审视安心工作、努力工作是否使自己生活得更舒心。

工作其实就是一种生活，你对待工作的态度，很大程度上就反映了你对生活的态度，善待工作，热爱工作，也就是善待生活，热爱生活。

第十四章　快乐工作，精彩生活

快乐工作精彩生活取决于我们对生活的心态，取决于我们对生活的感恩，取决于我们对生活的理解，取决于我们对生活的投入，取决于我们对梦想的追求。快乐工作每一天，精彩生活一辈子！每天给工作一张笑脸，工作就会给你一份惊喜，生活才会更加精彩纷呈。

1．张弛有度，工作更高效，生活更轻松

我们常听人说："在人生的旅途上，别忘了驻足片刻，欣赏路边绽放的玫瑰。"但现代人忙碌得如陀螺打转，又有多少人曾放慢脚步，注意身旁美好的事物呢？再者，对许多人来说，红尘滚滚，充满着无数的诱惑和欲望。为了那些欲念、诱惑，仿佛有做不完的事，要拼命地学习、工作和进取才行。就这样，日复一日，年复一年，生活一直很匆忙。不停地奔波、拼命工作，却永无止境，如同奔跑在一条圆形的跑道上——总想着"再坚持一下就到终点了"；实际上却怎么也找不到起点，也永远没有终点。于是，人就不再成其为生活的人，已经变成了工作的机器——似乎只需要持续地工作就行了。

而造成人们这种经常性精神紧张的原因，主要源于自身定力的缺乏。人们还不习惯松弛大脑，总是把注意力放在"下一步该做什么"上：进餐时，似乎忘记了佳肴的美味，却一味琢磨着"将会上什么甜食"，甜食端上餐桌后，又开始考虑晚餐后"该做什么"，晚上又思索周末的安排。

下班后，我们带着一身的疲惫回到家中，不是躺下休息片刻，而是立即打开电视查看股市信息，拿起话筒与人通话谈论第二天的工作安排，翻书开始阅读，或是开始打扫卫生……我们真的是害怕"浪费掉"哪怕只是一分钟的时间，似乎时间并不属于自己，我们似乎总是在为将来而生活，为幻想中的美好前景而生活。

但是，一个人如果弓弦总是绷得很紧，就会觉得日子平淡乏味，并且很容易产生"疲劳综合征"。因此，人生既需要努力拼搏，也需要善于休息和娱乐，学会享受生活，从而在平淡的日子里产生出一种不平淡的感觉。

美国东部拉克拉小镇上，人们的生活方式就是这样的：他们很少有事"去做"，并会对你说："无事可做对你有好处！"你可能会认为主人是在跟你开玩笑，"我为什么要空耗时间，选择无聊呢？"但主人却很认真地告诉你：如果你能给自己分出一点儿闲暇，花上一个小时或短一点儿的时间什么事都不做不想，你将不会感到无聊与空虚，你会体会到生活的轻松愉悦。也许开始时你很不习惯——毕竟你是忙碌惯了的人，如同一个生活在大工业城市的人初到山林时会对新鲜空气很不适应一样，但只要坚持做下去，就能体会到放松身心的好处。

在我们生活的这个世界上，确实有许多美丽可爱之处值得我们发现和欣赏。北宋时期著名学者程颢在《春日偶成》诗中写道："云淡风轻近午天，傍花随柳过前川。时人不识余心乐，将谓偷闲学少年。"在云淡风轻，晴朗和煦的春天，时值正午，诗人信步走到了小河边：田野里、河岸上，一簇簇的野花沐浴着春日的阳光，灿烂盛放；河边的垂柳更是在春风里轻柔地摇摆着。旁人看到诗人这么悠闲，还以为诗人聊发少年狂，像年轻人那样贪图玩乐呢！哪里知道诗人此时此刻心情的惬意恬静呢？此时此刻，春天大自然的明丽柔美，与诗人自得其乐的闲适心情，有机地融为一体。

当然。这样做的目的不是偷懒，而是学会一种生活的艺术——忙里偷闲，享受生活。而要做到这一点，无须探寻任何技巧，我们随时随地都可以做到！只要允许自己偶尔忙里偷闲，无事可做，然后有意识地坐下来，停止手中的工作就可以了。

一张一弛，文武之道。工作和生活，要学会平衡，就需张弛有度，这样工作更高效，生活更轻松。

2.

安心工作才能快乐工作

什么是快乐？怎样才能快乐地工作？快乐是人性或者说是人的需要得到满足的一种状态。让自己的工作变快乐只有一种办法，就是安下心来，挖掘内心的快乐源泉。这种选择来自你内心深处对工作的看法和观念，即你对待工作的态度。态度可以是你的无价财富，也可以是你成长的最大障碍，这一切在于你如何把握，如何选择。一个清楚自己想要什么的人，比什么都想要的人更容易快乐。

愉快的心情来自精神的快乐，而精神性是人的最高属性，精神的快乐是人所能获得的最高快乐。在一般情况下，快乐与工作好像没有什么关系。相反，人们似乎只有在工作之外才能找到快乐，下班之后、双休日、节假日，才是一天、一周、一年中的快乐时光。

但对于那些禀赋优秀的人来说，如果让他们像一个没有头脑和灵魂的东西那样活着，他们宁可不活。获得精神快乐的途径有两类：一类是接受的，比如阅读、欣赏艺术品等；另一类是给予的，就是工作。正是在工作中，人的心智能力得到了积极实现，人才感受到了生命的最高意义。如同纪伯伦所说：工作是看得见的爱，通过工作来爱生命，你就领悟了生命的最深刻秘密。

在一条街上，一位老人在阳光下散步，一个穿着体面、但却满脸愁容、没有活力的年轻人坐在路边的长椅上，老人就问他："小伙子，你有什么不顺心的事吗？"

年轻人回答说:“我为了买车买房,每天在外面辛苦工作,承受着客户的挑剔、上司的不满,可是就是这样,每天挣的钱还是少得可怜,不知道哪天才能实现愿望。”

这时,一位清洁工在打扫地面,神态很自如,还哼着小曲,丝毫都没有觉得工作又苦又脏。

老人就对小伙子说:“你看看那位清洁工,我们的城市有很多人从事着这样又脏又累的工作,而且收入也是很微薄的,他们住不起漂亮的楼房,买不起耀眼的汽车,可是眼前的这位工人却能如此享受自己的工作,能在工作中寻找快乐,开心每一刻,年轻人,好好想想,你会明白的。”

在一定意义上,年轻人还不如清洁工过得愉快,原因是年轻人带着功利心的态度去工作,对于他来说,工作就是挣钱,就是还债,就是获得更多的物质利益。其实工作是没有贵贱之分的,每份工作都有它自己独特的魅力,要像那位清洁工那样体味工作带来的快乐和美丽,即使是很平凡的职业,只要我们能安下心来,也能从中体验到快乐与满足。

王丽丽居住的小区附近有个修车摊,摊主是位50多岁的男人,整天都乐呵呵的。有天中午,王丽丽推着自行车去修理,正赶上摊主的女儿来送饭。王丽丽看见碗里盛了两个荷包蛋,撒了些细碎的葱末。他刚要捧起大碗面,举筷准备开饭,却抬头看见王丽丽过来,就马上放下碗迎了上来。趁着修车的工夫,与王丽丽闲聊起来。

他的家就在对面楼上,老伴患病瘫痪在床,这些年他摆摊挣的钱,多用于给老伴治病。王丽丽听了有些意外,说:“看你这么好的脾气,又整天乐呵呵的,原来也有不顺心的事啊。”他眯起眼,笑着说:“谁都会遇到难处,可日子还得好好过。笑着脸给人们修车总比哭丧着脸强。”

这时他的女儿插话了,带着几分自豪说:“我爸是个热心肠的人,周围邻居都夸我爸。整天都能乐呵呵的也让人羡慕。”摊主回望女儿一眼,说:“老伴的病有了好转,女儿也很懂事,我整天工作起来都‘铆着劲’呢。”他憨厚地笑了笑，那笑容如水般在皱纹间流动。

虽然他生活不是很富裕，但是他有很好的心态，能够带着快乐去工作。带着快乐工作可以让人变得积极向上，让人的生活和工作都充满生机。

其实，只要你能够安下心来工作，你就不会觉得工作是件累人的苦差事，你才可能取得大的成就。只有从心里热爱你的工作，你才能享受到工作的乐趣，才能获得生活的快乐，也才会在某一天从心底由衷地赞叹自己：“原来我可以做得这样好！”

当我们选择了一份工作，我们就选定了一个方向、一个目标。工作不仅仅是为了生存或解决温饱，从你选定所要从事的职业那一刻起，你就将一份希望寄托到了你的追求之中，通过努力地工作你要去实现你所奋斗的目标，也许你是要通过不懈地工作去追求财富，也许你是要追求工作带给你的成就感，也许你是要用工作来丰富自己的人生阅历，当随着你忙碌地工作，距离你的目标越来越近时，你也就会越发感受到工作的快乐。

好好珍惜你的工作，怀着安定的心情完成你的工作吧，因为安心工作才能快乐工作！

3. 舒心的生活更精彩

在生活中我们总会遇到这样或者那样的不舒心，我们不可能总是靠别人的安慰和笑话来摆脱生活中的烦恼，最主要的还是需要靠自己主动调整心情，否则自己总会活在这样或者那样的困扰里，开心不起来。

心就像一个容器，放的东西越多，空间越小，快乐越少，要想获得最大的快乐,我们必须定时清理心理空间,舒展自己的心,给快乐腾出足够的空间。

有一个年轻人,过得很不快乐,整天为了一些鸡毛蒜皮的小事唉声叹气。他来到大师面前,请求指点。

大师说:“你先去集市买一袋盐。”

年轻人照办,买来了盐。大师接着吩咐道:“你抓一把盐放入一杯水中,待盐溶化后,喝上一口。”

年轻人又照办了,喝完后,大师问:“味道如何?”

年轻人皱着眉头答道:“又咸又苦。”

大师没有说什么,带着年轻人来到湖边,吩咐道:“你把剩下的盐撒进湖里,再尝尝湖水。”

年轻人撒完盐,弯腰捧起湖水尝了尝。

大师问道:“什么味道?”

“纯净甜美。”年轻人答道。

“尝到咸味儿了吗?”大师又问。

“没有。”年轻人答道。

大师点了点头,微笑着对年轻人说道:“生命中的痛苦就像盐的咸味儿,我们所能感受和体验的程度,取决于我们将它放在多大的容器里。”

大师所说的“容器”,指的就是我们的心量,心的“容量”决定了痛苦的浓淡,心量越大烦恼越轻,心量越小烦恼越重。心量小的人,容不得,忍不得,受不得;心量宽广的人,容得下,忍得住,受得了。我们每个人一生中总会遇到许多盐粒似的痛苦,如果心的容量有限,就会和故事里的年轻人一样,只能尝到又咸又苦的“盐水”。因此,要想在人生的道路上少一些烦恼,多一些快乐,就要懂得舒心的智慧。

其实,每个人都有舒心的感觉,只是认识的差异,舒心有了多少与长短之分。有人说,有钱才舒心;有人说,事业有成才舒心;也有人说,家人平安才是真正的舒心;还有人说,过自己的生活就是舒心。总之,每个人对舒心的定义不同,感悟自然也不同,但只要你能认真体会生活、重视生活，舒心将无处不在。

舒心最大的特点就是简单，简单得只要你拥有一双善于发现的眼睛，就可以随时感到舒心。许多日常生活中的事，表面上看似细微，实际上就可以从中感到舒心，比如你和每个你遇见的人打招呼、吃到不一样的食物、每天碰到的新鲜事情、在一条漂亮的路上骑车、听收音机里播放自己最喜欢的歌曲、躺在床上静静地聆听窗外的雨声、发现自己最想买的衣服正在半价出售、在浴缸的泡沫堆里舒舒服服地洗个澡、一次愉快的谈话，等等，都可以成为一种美好的感觉，让你觉得个人及周围的世界都挺不错。

舒心的生活更精彩。当你觉得生活舒心时，不管发生什么事情都是快乐的。我们的生活有太多不确定的因素，你随时可能会被突如其来的变化扰乱心情。与其随波逐流，不如有意识地培养一些让自己快乐的习惯，随时帮助自己调整心情。

舒心的生活随处可见，那么，我们能否将舒心进行到底，一生都保持舒心的生活呢？下面将为您揭开生活永远舒心的秘诀：

(1)没有人是完美的，我们要承认自己的弱点，并乐意接受别人的建议、帮助和忠告，只要你勇于承认自己需要帮助，成功必然在望；

(2)从挫折中吸取教训，继续努力；

(3)生活必须诚实和富有正义感，这样才能吸引好朋友来帮助你，记住:好人永远是快乐的；

(4)能屈能伸，无论在顺境或逆境之中，我们的生活态度都应该是处之泰然；

(5)热心帮助别人，让自己受人尊敬，融洽与他人的关系；

(6)要人待你好，你必须先对他人好，当别人受到不平等待遇时，你必须宽恕和同情他人；

(7)坚守信念，相信自己；

(8)快乐永存心间，只要时常保持心境开朗，舒心的生活是不会抛弃你的。

舒心的生活更精彩，只有懂得如何舒心生活，才会明白如何享受生活。

4.

握紧幸福，绽放美妙的人生

2008 年的汶川大地震，让很多活着的人顿然醒悟。生命很脆弱，活着就是一种再简单不过的幸福。对于死难者，生命已不复存在，而活着的人们除了缅怀和心痛，还要面对满目疮痍的家园。这其实也是一种很残忍的考验。

幸福，究竟是什么？很难有一个确定的答案给它。如果能以一个正确的心态看待生活，那么幸福也就时刻伴随在我们的身旁。

幸福是一种内心的满足感，是一种难以形容的甜美感受。它与金钱地位都无关，只要拥有良好的心态，就可以触摸到它。

一个充满忌妒的人是不可能体会到幸福的，因为他的不幸和别人的幸福都会使他自己万分难受。

一个虚荣心极强的人是不可能体会到幸福的，因为他始终在满足别人的感受，从来不考虑真实的自我。

一个贪婪的人是不可能体会到幸福的，因为他的心灵一直都在追求，而根本不会去感受。

幸福是不能用金钱去购买的，它与单纯的享乐格格不入。一群西装革履的人吃完鱼翅鲍鱼笑眯眯地从五星级酒店里走出来时，他们的感觉可能是幸福的。而一群外地民工在路旁的小店里，就着几碟小菜，喝着啤酒，说说笑笑，你能说他们不幸福吗？

因此，幸福不能用金钱的多少去衡量，一个人很有钱，但不见得很幸福。因为，他或者正担心别人会暗地里算计他或者为取得更多的钱而处心积虑。

有人曾问过一位快乐的老人："你为何会这样幸福呢？你一定有创造幸福的秘诀吧！"

“不! 不!”老人回答,“我只是选择了‘幸福’而已。”

选择“幸福”? 这件事乍听起来,也许单纯得令人不敢相信。但是,却让我们想起一件重要的事,那就是亚伯拉罕·林肯曾说过的:“人们如果下定决心要拥有幸福,他就会拥有幸福。”换言之,如果你选择不幸,你就会变得不幸。

会享受人生的人,不会在意拥有多少财富,不会在意住房大小、薪水多少、职位高低,也不会在意成功或失败,只要会数数就行。不要计算已经失去的东西,多数数现在还剩下的东西。

在宁夏南部山区有一位还未脱贫的农民,他常年住的是漆黑的窑洞,顿顿吃的是玉米、土豆,家里最值钱的东西就是一个盛面的柜子。可他整天无忧无虑,早上唱着山歌去干活,太阳落山又唱着山歌走回家。别人都不明白,他整天乐什么呢?

他说:“我渴了有水喝,饿了有饭吃,夏天住在窑洞里不用电扇,冬天热乎乎的炕头胜过暖气,日子过得美极了!”这位农民能珍惜自己所拥有的一切,从不为自己欠缺的东西而苦恼,这就是他能感受到幸福的真正原因。

其实,我们绝大多数人所拥有的,远远超过了这位农民,可惜总被自己所忽略。你的收入虽然不高,但生活温饱足矣,绝无那些富贵病的侵扰;你的配偶或许并不出众,但他(她)能与你相亲相爱,白头到老;你的孩子虽然没有考上大学,但他(她)却懂得孝敬父母,知道自力更生……人生,该数数的东西还有很多很多。

古人李渔说得好:“乐不在外而在心,心以为乐,则是境皆乐,心以为苦,则无境不苦。”意思是:一个人是否幸福不在于自己外在情况怎样,而在于内在的心态。如果你有一个好心态,即使是日常小事,你也会从中获得莫大的幸福;倘若你心态不好,那么任何事情都会让你感到痛苦。

人们一直疲于奔命,寻求其所谓的幸福。其实,幸福原本就在我们的生活不远处,只是由于人们太在意物质上的富裕,太追求一种形式化的生活,而将幸福的真谛忽略了。

工作狂自我检测试题

加拿大心理学家给出的“工作狂测试”。请对下面6道题给出“是”或“否”的判断。

1. 我经常梦到工作。
2. 我每周工作时间超过40小时。
3. 业余爱好其实不是我生活的重要组成部分，甚至我开始没有业余爱好。
4. 休假时，我总会查看是否有新的电邮。
5. 工作是第一位的，我不在乎错过重要的社交活动。
6. 陪家人的时间少于工作时间。

答案：以上6个问题如果回答“是”，就意味着你的工作和生活情况亮起了红灯，红灯意义如下：

红灯1(对应问题一)：精疲力竭。梦见工作表明你压力过大，没有足够的放松时间。

红灯2(对应问题二)：竭泽而渔。每周工作超过40小时表明工作过量。

红灯3(对应问题三)：压力过大。业余爱好是很好的放松方式，是重要的生活方式平衡器。

红灯4(对应问题四)：引火烧身。度假时工作会破坏度假的目的。

红灯5(对应问题五)：孤独警示。错过重要的社交活动会导致情感上的孤独。

红灯6(对应问题六)：离婚危险。当家庭成员感到被忽视时，说明你工作太疯狂了。

如果“红灯”少于3个，你是个会工作会生活的人，善于平衡工作与生活，善于从生活中获得满足感。

如果“红灯”为3～4个，你可能对自己要求太严。必须给自己留足够的休息时间。

如果“红灯”为5个或6个，你就是不折不扣的工作狂！你应该学会管理时间，否则你将为此付出巨大代价：搞垮身体，搞糟关系。